计算机网络技术基础

主　编　陈高祥
副主编　钱玲如　步扬坚　金菊菊
　　　　陈　晨　王子昱

北京理工大学出版社
BEIJING INSTITUTE OF TECHNOLOGY PRESS

内 容 提 要

本书以计算机网络的组建为主线，以"项目式"为实施重点，重点介绍了计算机网络的基础知识、常见网络的组建方法、常见接入 Internet 的方法。全书共由 11 个项目组成，全面系统地介绍了计算机网络的组成、网络体系结构、Windows 的常用命令、TCP/IP 等协议的结构及功能、构建办公网络及双机互连的网络、利用 ADSL 实现接入 Internet、搭建家庭无线网络、使用 Internet 浏览器、Internet 的应用、网络安全技术、网络管理技术等内容。

本书运用简洁易懂的描述和生动直观的实例对网络知识进行阐述，内容全面、实用性强、案例丰富，可作为高职高专院校计算机专业的计算机网络技术、计算机网络基础课程教材、非计算机专业的网络课程教材使用，也可作为网络管理员和计算机网络爱好者的参考书。

版权专有　侵权必究

图书在版编目（CIP）数据

计算机网络技术基础/陈高祥主编. —北京：北京理工大学出版社，2021.12 重印
ISBN 978-7-5640-2828-2

Ⅰ. 计… Ⅱ. 陈… Ⅲ. 计算机网络 Ⅳ. TP393

中国版本图书馆 CIP 数据核字（2009）第 155368 号

出版发行 /	北京理工大学出版社
社　　址 /	北京市海淀区中关村南大街 5 号
邮　　编 /	100081
电　　话 /	（010）68914775（办公室）　68944990（批销中心）　68911084（读者服务部）
网　　址 /	http://www.bitpress.com.cn
经　　销 /	全国各地新华书店
印　　刷 /	北京国马印刷厂
开　　本 /	787 毫米×1092 毫米　1/16
印　　张 /	13.75
字　　数 /	324 千字
版　　次 /	2021 年 12 月第 18 次印刷　　责任校对 / 陈玉梅
定　　价 /	39.80 元　　　　　　　　　　　　责任印制 / 边心超

前　言

你想轻松掌握计算机网络知识吗？你是不是在发愁找不到合适的计算机网络基础的"项目式"教材？

在计算机技术飞速发展的今天，随着互联网的普及和延伸，人们的生活和工作将越来越离不开信息网络的支持，人们可以通过互联网进行电子商务、电子理财、网上购物、虚拟图书馆、远程教育、远程医疗等各种活动，可以通过互联网与网友聊天、发送电邮、查找和搜索各种信息。计算机网络的重要性已被越来越多人认识，人们迫切地需要了解计算机网络的基础知识和掌握计算机网络应用的基本技能。

本教材开发坚持"以就业为导向，以能力为本位，以综合职业素质和职业能力为主线，以项目为载体"的指导思想，真正打造一套适合读者的项目式教材。本书作者在总结多年计算机网络课程教学经验的基础上，精心设计了 11 个大项目，38 个子任务进行实践教学，全面系统地介绍了计算机网络的组成、网络体系结构、Windows 的常用命令、TCP/IP 等协议的结构及功能、构建办公网络及双机互连的网络、利用 ADSL 实现接入 Internet、搭建家庭无线网络、使用 Internet 浏览器、Internet 的应用、网络安全技术、网络管理技术等内容。

本书以项目为基本写作单元，由浅入深、循序渐进地介绍计算机网络的基本知识，条理清晰，结构完整。每个项目中，有项目情景描述、项目描述、项目需求、相关知识点、项目分析（各子任务中分为任务描述、任务实施、理论知识、知识拓展、背景资料/知识）、项目小结、独立实践、思考与练习，内容安排合理，通过一组精心设计的实例或操作介绍计算机网络各个组成部分的结构及设置方法，学生在学习过程中既可以模拟操作，也可以在此基础上进行改进，做到举一反三。

本书由陈高祥任主编，并负责全书的统稿。由钱玲如、步扬坚、陈晨、王子昱、金菊菊任副主编，具体项目编写分工是：项目一、四由陈晨编写，项目二、七由步扬坚编写，项目三、五由王子昱编写，项目六、八、九由陈高祥、金菊菊编写，项目十、十一由钱玲如编写。本书编写过程中得到了江苏联合职业技术学院、苏州高等职业技术学校、北京理工大学出版社的各位领导、刘国钧高等职业技术学校的李文刚主任及兄弟学校各位老师的大力支持，在此表示衷心的感谢。

在编写本书过程中参考了相关文献，在此向这些文献的作者深表感谢。由于作者水平有限，书中难免有错误与不妥之处，恳请广大读者批评指正，读者可通过电子邮件（chengaoxiang3@126.com）与我们联系。

编　者

项目一　计算机网络组成考察

目前计算机已经成为必不可少的工具，人们通过网络来工作、学习和交流。
　　网络无处不在，那么你是否思考过什么是计算机网络，它是由哪些设备和传输介质连接起来的？这些网络设备和网络传输介质都有什么具体功能呢？有兴趣吗？下面就来了解一下吧。

【项目描述】
1）认识计算机网络；
2）了解几种常见的网络设备；
3）了解几种常见的网络传输介质；
4）理解几种基本的网络拓扑结构。

【项目需求】
1）一组网络设备：一台中继器、一台集线器、一台交换机、一台路由器、一台网桥和一台网关等；
2）一组网络传输介质：双绞线、同轴电缆、光纤等；
3）铅笔、尺子和橡皮。

【相关知识点】
1）计算机网络的定义和组成；
2）几种常见的网络设备的作用和特点；
3）几种常见的网络传输介质的作用和特点；
4）几种常见的网络拓扑结构。

【项目分析】
要考察计算机网络的组成，势必要先认识计算机网络，不管是对网络的定义，还是网络的分类等，都要有总体性的了解；接着，就来熟悉几种常用的网络设备和连接它们的网络传输介质，进而能够根据需要适当地作出选择；最后，了解常见的网络拓扑结构。

任务一 了解计算机网络

虽然学习、工作和生活中都充斥着计算机网络，但对于它的书面定义和深层次的内容却不是每个人都知道的。下面就来学习一下什么是计算机网络。

【任务描述】

从计算机网络的定义、计算机网络的类型、计算机网络的分类等方面来认识计算机网络，进而明确几种常见网络类型的特点。

【理论知识】

一、认识计算机网络

计算机网络是通过通信设备、传输介质和网络通信协议，将不同地点的计算机设备连接起来，从而实现资源共享、数据传输的系统。通俗地说，计算机网络是计算机网络技术与通信技术结合的产物，它可以把多台计算机和终端，利用通信设备和传输介质连接起来，在网络软件的作用下，实现计算机之间的资源共享。

要构成一个完整的网络，必须具备以下几个条件：

1）两台或两台以上具有独立工作能力的计算机（即独立工作的计算机）；
2）利用通信设备和线路来构建计算机之间相互通信的信息传输通道（即通信子网）；
3）计算机之间使用统一的通路规则或约定（即网络协议）来交换、传递数据。

二、计算机网络的组成

不管网络多么复杂，它都是由硬件、软件和传输介质三部分组成的，如图1-1-1所示。

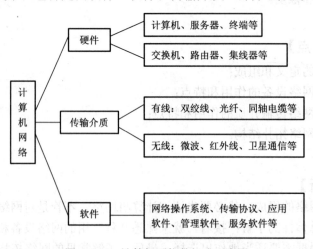

图1-1-1 计算机网络的组成示意图

三、计算机网络的分类

计算机网络的分类方法有很多，按照不同的标准，可以从不同的角度对计算机网络进行分类。

1. 按网络覆盖的地理范围分类

这是最常用的分类方法。这种方法按照计算机网络覆盖的规模不同，分成局域网、城域网和广域网三类。下面对它们作详细的介绍。

（1）局域网

局域网（Local Area Network，LAN），如图 1-1-2 所示，是指在某一区域内由多台计算机互联成的计算机组。"某一区域"指的是同一办公室、同一建筑物、同一公司或同一学校等，一般是方圆几千米以内。由于传输距离较近，因而数据传输速率较高。

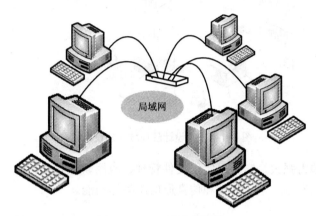

图 1-1-2　局域网示意图

局域网是封闭型的，它既可以由办公室内的两台计算机组成，也可以由一个公司内的上千台计算机组成。图 1-1-3 和图 1-1-4 分别是家庭局域网和某设计院局域网的拓扑图。

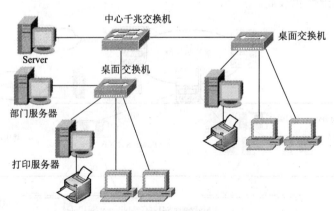

图 1-1-3　家庭局域网建设方案

局域网的特点为：

1) 数据传输率高，通常在 0.1 Mbps～100 Mbps 之间；
2) 传输距离比较短，一般直径小于 2.5 km；
3) 传送误码率低，一般在 10^{-6}～10^{-10} 之间；
4) 网络结构比较规范；
5) 网络为单元组织所完全拥有。

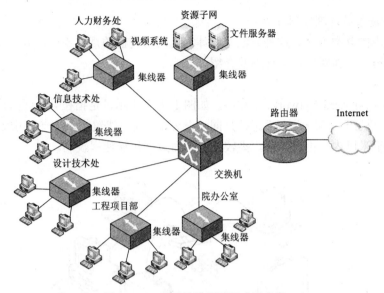

图 1-1-4 某设计院局域网建设方案

局域网的功能颇为强大，它可以实现文件管理、应用软件共享、打印机共享、扫描仪共享、工作组内的日程安排、电子邮件和传真通信服务等功能。

（2）城域网

城域网（Metropolitan Area Network，MAN），如图 1-1-5 所示，它是一种大型的局域网，覆盖的面积较大，一般在一个城市或地区范围内，城域网是在局域网的基础上提出来的，所以在技术上与局域网有着很多相似之处。城域网一般用作骨干网，主要采用光纤作为传输介质，因此数据传输速率也较高。

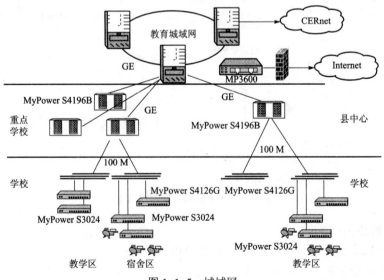

图 1-1-5 城域网

城域网的特点为：

1）地理覆盖范围可达 100 km；

2）数据传输速率在 50 Mbps 左右；
3）传送距离可达 10 km；
4）传送误码率小于 10^{-9}；
5）既可用作专用网，又可用作公用网。

主要用途及适用范围：高速上网、互动游戏、VOD 视频点播、网络电视、远程医疗、远程教育、远程监控、家庭证券交易系统等。

（3）广域网

广域网（Wide Area Network，WAN）也称远程网，如图 1-1-6 所示。通常横跨很大的物理范围，所覆盖的范围从几十公里到几千公里，它能连接多个城市或国家，或横跨几个洲，并能提供远距离通信，形成国际性的远程网络。

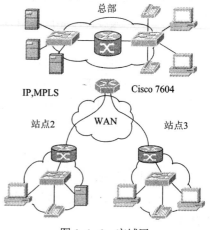

图 1-1-6 广域网

广域网的通信子网主要使用分组交换技术，利用公用分组交换网、卫星通信网和无线分组交换网，将分布在不同地区的局域网或计算机系统互联起来，以达到资源共享的目的。

广域网的特点为：
1）传送距离长，可从几十千米到几千千米；
2）传送速率低，一般在 100 Kbps 左右；
3）网络结构不规范，可以根据用户需要随意组网；
4）传送误码率比较低，一般在 $10^{-3} \sim 10^{-5}$ 之间。

通常，广域网的数据传输速率比局域网低，信号的传播延迟比局域网要大得多。广域网的应用实例如图 1-1-7 所示。

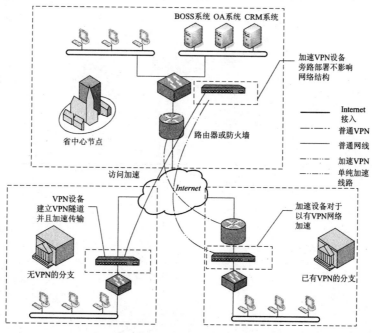

图 1-1-7 广域网的应用实例

2. 按网络的工作模式分类

按工作模式可将计算机网络分为对等网和基于服务器的网络。

3. 按网络的传输介质分类

按网络的传输介质可将计算机网络分为有线网络和无线网络。

4. 按网络的使用范围分类

按网络的使用范围可将计算机网络分为三种，分别是公用网、专用网和用公用网组建的专用网。

【任务实施】

1）请在表 1-1-1 中填入按网络覆盖的地理范围分类的三种网络类型，并写明它们各自有什么特点。

表1-1-1　三种网络类型

网络类型	特　点

2）请为所在学校的校园网定位网络类型，见表 1-1-2。

表 1-1-2　网　络　类　型

局　域　网	城　域　网	广　域　网
□	□	□

【背景知识】

计算机网络的产生与发展

计算机网络近年来获得了飞速发展。20 年前，我国很少有人接触过网络，而今，计算机通信网络以及 Internet 已成为社会结构的一个基本组成部分。网络被应用于工商业的各个方面，包括电子银行、电子商务、现代化的企业管理、信息服务业等都以计算机网络系统为基础。从学校远程教育到政府日常办公，乃至现在的电子社区，很多方面都离不开网络技术。可以不夸张地说，网络在当今世界无处不在。

随着计算机网络技术的蓬勃发展，计算机网络经历了从简单到复杂，从单机到多机的发展过程，其演变过程大致可划分为 4 个阶段。

1. 第一阶段：诞生阶段

20 世纪 50 年代至 60 年代，出现了第一代计算机网络，它是以单个计算机为中心的远程连机系统。它的主要特点是一个主机，多个终端。

当时计算机的体积庞大，价格昂贵，设置在专用机房内，相对而言，通信线路和通信设备较为便宜。为了共享计算机强大的资源，就将多台具有通信功能而无处理能力的设备与计算机相连。该台计算机称为主机，在专用的机房内放置；与其相连的设备称为终端，终端是一台计算机的外部设备，包括显示器和键盘，无 CPU 和内存，放置在各个需要使用计算机的工作环境中。典型应用是由一台计算机和全美范围内 2 000 多个终端组成的飞机定票系统。

随着远程终端的增多，在主机前增加了前端机（FEP）。当时，人们把计算机网络定义为"以传输信息为目的而连接起来，实现远程信息处理或进一步达到资源共享的系统"，这样的通信系统已具备了网络的雏形。

2. 第二阶段：形成阶段

20 世纪 60 年代中期至 70 年代的第二代计算机网络是以多个主机通过通信线路互连起来为用户提供服务的网络。

它兴起于 20 世纪 60 年代后期，主要特点是分散管理，也就是多个主机互连成系统，类似于若干个第一代计算机网络的组合。第二代计算机网络以实现更大范围内的资源共享为目的，其典型代表是美国国防部高级研究计划局协助开发的 ARPAnet，也就是现代 Internet 的雏形。

ARPAnet 将整个计算机网络分成通信子网和资源子网两部分。

通信子网是指计算机网络中实现网络通信功能的设备和软件的集合。通信线路、通信设备、网络通信协议、通信控制软件等都属于通信子网，它负责网络信息的传输。

资源子网是指计算机网络中实现资源共享功能的设备和软件的集合。主机和终端都属于资源子网。

通信子网为资源子网提供信息传输服务，资源子网上的用户之间的通信则建立在通信子网的基础上。

这个时期，网络为"以能够相互共享资源为目的互连起来的具有独立功能的计算机的集合体"，形成了计算机网络的基本概念。

3. 第三阶段：互连互通阶段

20世纪70年代末至90年代的第三代计算机网络是具有统一的网络体系结构并遵循国际标准的开放式和标准化的网络。

ARPAnet兴起后，计算机网络发展迅猛，各大计算机公司相继推出自己的网络体系结构以及实现这些结构的软硬件产品。由于没有统一的标准，不同厂商的产品之间互连很困难，人们迫切需要一种开放性的标准化实用网络环境，这样就应运而生了两种国际通用的最重要的体系结构，即TCP/IP体系结构和国际标准化组织的OSI体系结构。

4. 第四阶段：高速网络技术阶段

20世纪90年代末至今的第四代计算机网络，由于局域网技术发展成熟，出现了光纤及高速网络技术、多媒体网络、智能网络，整个网络就像一个对用户透明的大的计算机系统，发展为以Internet为代表的互联网。

5. 计算机网络的发展趋势

从计算机网络应用来看，网络应用系统将向更深和更宽的方向发展。

首先，Internet信息服务将会得到更大发展。网上信息浏览、信息交换、资源共享等技术将进一步提高速度、容量及信息的安全性。其次，远程会议、远程教学、远程医疗、远程购物等应用将逐步从实验室走出，不再只是幻想。网络多媒体技术的应用也将成为网络发展的热点话题。

网络的发展也是一个经济上的冲击。数据网络使个人化的远程通信成为可能，并改变了商业通信的模式。一个完整的用于发展网络技术、网络产品和网络服务的新兴工业已经形成，计算机网络的普及性和重要性已经导致不同岗位对具有更多网络知识的人才的大量需求。企业需要雇员规划、获取、安装、操作、管理那些构成计算机网络和Internet的软硬件系统。另外，计算机编程已不再局限于个人计算机，而要求程序员设计并实现能与其他计算机上的程序通信的应用软件。

任务二 了解几种常见的网络设备

不管是何种网络，都会用到网络设备，下面就来认识这些常用的网络设备，如集线器、路由器等，并能对它们进行区分，且能适当运用。

【任务描述】

1）明确各常用网络设备的作用和特点；

2）能够对一些常用的网络设备进行区分使用。

【理论知识】

常用的网络设备有中继器、集线器、交换机、网桥、路由器和网关等。

1. 中继器

中继器（Repeater）是工作在 OSI 体系结构中网络物理层上的连接设备，如图 1-2-1 所示。它适用于完全相同的两类网络的互联，主要功能是通过对数据信号的重新发送或者转发来扩大网络传输的距离。

最简单的网络就是两台计算机双机互连，此时两块网卡之间用双绞线连接。由于在双绞线上传输的信号功率会逐渐衰减，当信号衰减到一定程度时，就会造成信号失真，一般当两台计算机之间的距离超过 100 m 的时候，就需要在这两台计算机之间安装一个中继器，将已经衰减的信号经过整理，重新产生完整的信号再继续传送。

中继器从一个网络电缆里接收信号，并放大它们，再将其送入下一个电缆。它们毫无目的地这么做，却不在意它们所转发的消息内容。

2. 集线器

集线器（Hub）也是网络物理层上的连接设备，如图 1-2-2 所示。它的主要功能是对接收到的信号进行再生整形放大，以扩大网络的传输距离，同时把所有节点集中在以它为中心的节点上。

图 1-2-1 中继器　　　　　　　　图 1-2-2 集线器

集线器属于数据通信系统中的基础设备，它和双绞线等传输介质一样，是一种不需任何软件支持或只需很少管理软件管理的硬件设备。集线器是一个多端口的转发器，如图 1-2-3 所示，当以它为中心设备时，即使网络中某条线路产生了故障，也不影响其他线路的工作。可以体会到，集线器实际上就是中继器的一种，其区别仅在于集线器能够提供更多的端口服务，所以集线器又叫多口中继器。

下面介绍集线器的工作原理：以一个 8 口的集线器为例，它连接了 3 台计算机，A、B 和 C。这时集线器位于网络的中心，对信号进行转发，3 台计算机之间就可以实现互连。假如计算机 A 要将一条信息发送给计算机 C，计算机 A 的网卡将信息通过双绞线送到集线器上，此时集线器会把信息直接发送给 C 吗？集线器可没有人类聪明，它会把信息进行"广播"，8 个端口都会收到这条信息。各个端口会去检查该信息是否是发给自己的，如果是，则接

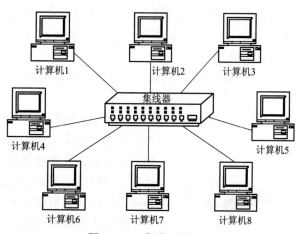

图 1-2-3 集线器的运用

收；如果不是，则丢弃。也就是说，计算机C会进行接收，而计算机A和B会将它丢弃。

3. 交换机

交换（Switching）是按照通信两端传输信息的需要，用人工或设备自动完成的方法，把要传输的信息送到符合要求的相应路由上的技术统称。广义的交换机（Switch）就是一种在通信系统中完成信息交换功能的设备，如图1-2-4所示。

图1-2-4 交换机

传统的交换机是从网桥发展而来的，它是一个简化、低价、性能高并且端口集中的网络互联设备，能基于目标MAC地址转发信息，而不是以广播方式传输。在交换机中存储并且维护着一张计算机网卡地址和交换机端口的对应表，它对接收到的所有帧进行检查，读取帧的源MAC地址字段后，根据所传递的数据包目的地址，按照对应表中的内容进行转发，每一个独立的数据包都可以从源端口送至目的端口，以避免和其他端口发生冲突，如果对应表中没有对应的目的地址，则转发给所有的端口。

从上面可以看出，交换机要比集线器"聪明"。它类似于一台专用的通信计算机，包括硬件系统和操作系统。交换机的基本功能包括地址学习、帧的转发和过滤、环路避免。

按是否可网管，交换机分为可网管交换机和不可网管交换机。这两种交换机的区别在哪里呢？不可网管的交换机是不能被管理的，只能像集线器一样直接转发数据；而可网管交换机则是可以被管理的，它具有端口监控、划分VLAN等许多普通交换机不具备的特性。

一台交换机是否是可网管交换机可以从外观上分辨出来。可网管交换机的正面或背面一般有网管配置的Console端口，通过串口电缆或并口电缆可以把交换机和计算机连接起来，这样便可以通过计算机来配置和管理交换机的设置。

4. 网桥

网桥（Bridge）工作于OSI体系的数据链路层，如图1-2-5所示。网桥包含了中继器的功能和特性，不仅可以连接多种介质，还能连接不同的物理分支，如以太网和令牌网，能将数据包在更大范围内传送。

网桥的典型应用是将局域网分段成子网，从而降低数据传输的瓶颈，这样的网桥叫"本地"桥，用于广域网上的网桥叫做"远地"桥。

图1-2-5 无线网桥

5. 路由器

是什么把网络相互连接起来的呢？是路由器，如图1-2-6所示。

路由器（Router）是互联网络的枢纽，它工作在OSI体系结构中的网络层，这意味着它可以在多个网络上交换和路由数据包，路由器通过在相对独立的网络中交换具体协议的信息来实现这个目标。比起网桥，路由器不但能过滤和分隔网络信息流、连接网络分支，还能访问数据包中更多的信息，并且可以提高数据包的传输效率。

路由表包含网络地址、连接信息、路径信息和发送代价等。路由器比网桥慢，主要用于广域网或广域网与局域网的互联。

图1-2-6 路由器

6. 网关（Gateway）

从一个房间走到另一个房间，必然要经过一扇门。同样，从一个网络向另一个网络发送信息，也必须经过一道"关口"，这道关口就是网关。顾名思义，网关就是一个网络连接到另一个网络的关口，如图 1-2-7 所示。

网关能互连异类的网络，它从一个环境中读取数据，剥去数据中的老协议，然后用目标网络的协议进行重新包装。网关的用途是在局域网的微机和小型机或大型机之间作翻译。

网关的典型应用是网络专用服务器，网关应用实例如图 1-2-8 所示。

图 1-2-7 网关

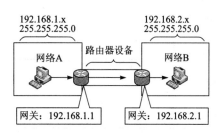

图 1-2-8 网关应用实例

【任务实施】

1）观察实验室里的网络设备，写出它们的品牌和型号，见表 1-2-1。

表 1-2-1 网络设备的品牌和型号

网络设备	品　　牌	型　　号
中继器		
集线器		
交换机		
路由器		
网　桥		
网　关		

2）请写出下列常用网络设备的作用和特点，见表 1-2-2。

表 1-2-2 网络设备的作用和特点

网络设备	作　　用	特　　点
中继器		
集线器		

续表

网络设备	作　用	特　点
交换机		
路由器		
网桥		
网关		

任务三　了解几种常见的网络传输介质

了解过常见的网络设备，现在的关键是怎么把它们连接到网络中去，下面就来认识一些常用的网络传输介质，如双绞线、光纤、光缆等。

【任务描述】
1）明确一些常用网络传输介质的作用和特点；
2）能够对一些常用的传输介质进行区分应用。

【理论知识】
网络传输介质是网络中信息传递的载体，传输介质的性能将直接影响网络的运行。
一、传输介质的分类
传输介质可分为有线网络传输介质和无线网络传输介质两大类。下面具体介绍。

1. 有线传输介质
目前，常用的有线传输介质有双绞线、同轴电缆、光纤等。
（1）双绞线
双绞线是综合布线工程中最常用的一种传输介质，如图 1-3-1 所示。

图 1-3-1　双绞线

双绞线采用了把一对互相绝缘的金属导线互相绞合的方式，来抵御一部分外界电磁波的干扰，更主要的是降低自身信号的对外干扰。它把两根绝缘的铜导线按一定密度互相绞在一起，可以降低信号干扰的程度，每一根导线在传输中辐射的电波会被另一根线上发出的电波抵消，"双绞线"的名字也是由此而来。

双绞线的分类有两种，一种是按照线缆是否屏蔽，分为屏蔽双绞线（STP）和非屏蔽双绞线（UTP），屏蔽双绞线在电磁屏蔽性能方面比非屏蔽双绞线要好些，但价格要高些。另一种是按照电气特性分为3类、5类、超5类、6类、7类双绞线等类型，数字越大技术越先进、带宽也越宽、价格也越高。目前，在局域网中常用的有5类、超5类、6类非屏蔽双绞线。

1) 屏蔽双绞线：屏蔽双绞线又分为两类，即STP和FTP。STP是指每条线都有各自屏蔽层的屏蔽双绞线；而FTP则是采用整体屏蔽的屏蔽双绞线。

2) 非屏蔽双绞线：由于价格原因（除非有特殊原因）通常在综合布线系统中只采用非屏蔽双绞线。非屏蔽双绞线的优点很多，它独立、灵活；无屏蔽外套，直径小，节省所占空间；可将串扰减至最小或加以消除；重量轻、易弯曲、易安装；具有阻燃性。

（2）同轴电缆

同轴电缆也是局域网中最常见的传输介质之一，如图1-3-2所示。它由一根空心的外圆柱导体和一根位于中心轴线的内导线组成，内导线和圆柱导体及外界之间用绝缘材料隔开，同轴电缆截面如图1-3-3所示。

图1-3-2 同轴电缆图

图1-3-3 同轴电缆截面图

按直径不同，同轴电缆可分为粗缆和细缆两种。

1) 粗缆传输距离长，性能好，但成本高，网络安装、维护困难，一般用于大型局域网的干线，连接时两端需终接器，最大传输距离可达500 m。

2) 细缆与BNC网卡相连，两端装50 Ω的终端电阻。用T型头，且T型头之间距离最小0.5 m。细缆网络每段干线长度最大为185 m，每段干线最多接入30个用户。如采用4个中继器连接5个网段，则网络最大距离可达925 m。

细缆安装较容易，造价较低。但日常维护不方便，一旦一个用户出故障，便会影响其他用户的正常工作。

（3）光纤

光纤是由一组光导纤维组成的用来传播光束的、细小而柔韧的传输介质。

它应用光学原理，由光发送机产生光束，将电信号变为光信号，再把光信号导入光纤。另一端由光接收机接收光纤上传来的光信号，并把它变为电信号，经解码后再处理。

与其他传输介质比较，光纤的电磁绝缘性能好、信号衰减少、频带宽、传输速度快、传输距离大。主要用于要求传输距离较长、布线条件特殊的主干网连接。

光纤可分为单模光纤和多模光纤。

1）单模光纤，如图1-3-4所示，它由激光作光源，仅有一条光通路，传输距离长，2 km以上，中心玻璃芯较细，只能传一种模式的光。因此，没有膜间色散，适用于远程通信。

2）多模光纤，如图1-3-5所示。它由二极管发光，低速短距离，2 km以内，中心玻璃芯较粗，可以传多种模式的光。

图1-3-4 单模光纤

图1-3-5 多模光纤

2. 无线传输介质

目前，常用的无线传输媒介包括：无线电波、微波、红外线、激光等。

（1）无线电波

无线电波是指在自由空间（包括空气和真空）传播的射频频段的电磁波。

无线电波的频率范围在10～16 kHz之间，使用无线电波的时候，需要考虑到它的频率范围非常有限。其中，大部分都被电视、广播以及政府和军队利用了，只有少部分留给一般的计算机网络使用，这些频率大部分由国内"无线电管理委员会"统一管理。

◎ 备注

要使用一个受管制的无线电频率，必须要向无线电管理委员会（下称无管会）申请许可证，管制目的是限制设备的作用范围，从而限制对其他信号的干扰。如果设备使用的是未经管制的频率，则功率必须在1 W以下。

（2）红外线

红外局域网采用小于1 μm波长的红外线作为传输媒体。它不受无管会的管制，所以使用范围较广。

红外信号窃听困难，对邻近区域的类似系统也不会产生干扰。但它没有能力穿透墙壁和一些固体，并且每一次反射都要衰减一半左右，同时也容易被强光源遮盖住，这就导致了红外线信号传输距离受限。

（3）激光

激光，如图1-3-6所示，它是利用激光发生器激发半导体材料而产生的高频波。激光通信利用激光束来传输信号，即将激光束调制成光脉冲，以传输数据。激光通信必须配置激光发射器，且安装在可视范围内，它与红外线一样不能传输模拟信号。

图1-3-6 激光

激光具有很好的聚光性和方向性，因而很容易被窃听、插入数据和进行干扰，能提供很好的带宽而成本较低；其缺点是不能穿透雨和浓雾，空气中扰乱的气流会引起它的偏差。

二、传输介质的选择

上面介绍了几类传输介质，那么应如何选择这些传输介质呢？

选择什么样的传输介质，要根据网络的拓扑结构和网络的连接方式而定，同时还要考虑以下几个方面：容量、可靠性、支持的数据类型、数据传输速率、传输距离、组网的成本价格、安装的灵活性和方便性、防止外界干扰。

例如，要求传输速率高，可用光缆；要求价格便宜，可选用双绞线；如果某些场合不适宜敷设电缆，那么可选用无线传输介质。

【知识拓展】

无线局域网的优势和技术架构

无线网络是计算机网络与无线通信技术相结合的产物，它提供了使用无线多址信道的一种有效方法来支持计算机之间的通信，并为通信的移动化、个人化和多媒体应用提供了潜在的手段。一般而言，凡采用无线传输的计算机网络都可称为无线网。说得通俗点，就是局域网的无线连接形式，也就是无线局域网（Wireless Local-area Network，WLAN）。一个无线局域网可当作有线局域网的扩展来使用，也可以独立作为有线局域网的替代设施，因此无线局域网提供了很强的组网灵活性。

从WLAN到蓝牙、红外线到移动通信，所有这一切都是无线网络的应用典范。它不采用传统电缆线提供传统有线局域网的所有功能，网络所需的基础设施不需要埋在地下或隐藏在墙里，网络能够随着实际需要移动或变化。

无线局域网（WLAN）技术的成长始于20世纪80年代中期，它是由美国联邦通信委员会（FCC）为工业、科研和医学（ISM）频段的公共应用提供授权而产生的。这项政策使各大公司和终端用户不需要获得FCC许可证，就可以应用无线产品，从而促进了WLAN技术的发展和应用。

与有线局域网通过铜线或光纤等导体传输不同的是，无线局域网使用电磁频谱来传递信息。同无线广播和电视类似，无线局域网使用无线电波（Airwave）发送信息。传输可以通过使用无线微波或红外线实现，但要求所使用的有效频率且发送功率的电平标准在政府机构允许的范围之内。

1. 无线网络传输原理

无线局域网的传输原理和普通有线网络一样，也是采用了ISO/RM七层网络模型，只是在模型的最低两层"物理层"和"数据链路层"中，使用了无线的传输方式。尽管目前各类无线网络的标准和规范并不统一，但是就其传输方式来看肯定是以下两种之一：无线电波方式和红外线方式。其中，红外线传输方式是目前应用最为广泛的一种无线网技术，现在家用电器中使用频繁的家电遥控器几乎都是采用红外线传输技术。作为无线局域网的传输方式，红外线传输的最大优点是不受无线电波的干扰，而且红外线的使用也不会被国家无线电管理委员会加以限制。但是，红外线传输方式的传输质量受距离的影响非常大，并且红外线对非透明物体的穿透性也非常差,这就直接导致了红外线传输技术很难成为计算机无线网络中的主角。相比之下,无线电波传输方式的应用则广泛得多。采用无线电波进行传输,不仅覆盖范围大、发射功率强,而且还具有隐蔽性、保密性等特点,不会干扰同频的系统,具有很高的可用性。

2. WLAN技术的优势

WLAN是指以无线信道作传输媒介的计算机局域网络,是计算机网络与无线通信技术相结合的产物,它以无线多址信道作为传输媒介,提供传统有线局域网的功能,能够使用户真正实现随时、随地、随意的宽带网络接入。

WLAN技术使网上的计算机具有可移动性,能快速、方便地解决有线方式不易实现的网络信道的连通问题。WLAN利用电磁波在空气中发送和接收数据,而无需线缆介质。与有线网络相比,WLAN具有以下几个优点。

1)安装便捷:无线局域网的安装工作简单,无须施工许可证,不需要布线或开挖沟槽。它的安装时间只是安装有线网络时间的零头。

2)覆盖范围广:在有线网络中,网络设备的安放位置受网络信息点位置的限制。而无线局域网的通信范围,不受环境条件的限制,网络的传输范围极大地拓宽,最大传输范围可以达到几十公里。

3)经济节约:由于有线网络缺少灵活性,这就要求网络规划者尽可能地考虑未来发展的需要,所以往往导致预设大量利用率较低的信息点。而一旦网络的发展超出了设计规划,则又要花费较多费用进行网络改造。WLAN不受布线接点位置的限制,具有传统局域网无法比拟的灵活性,可以避免或减少以上情况的发生。

4)易于扩展:WLAN有多种配置方式,能够根据需要灵活选择。这样,WLAN就能胜任从只有几个用户的小型网络到上千用户的大型网络,并且能够提供像"漫游"(Roaming)等有线网络无法提供的特性。

5)传输速率高:WLAN的数据传输速率现在已经能够达到11 Mbps,传输距离可远至20 km以上。应用到正交频分复用(OFDM)技术的WLAN,甚至可以达到54 Mbps。

此外,无线局域网的抗干扰性强,网络保密性好。对于有线局域网中的诸多安全问题,在无线局域网中基本上都可以避免。而且相对于有线网络,无线局域网的组建、配置和维护较为容易,一般计算机工作人员都可以胜任网络的管理工作。

由于WLAN具有多方面的优点,其发展十分迅速。在最近几年里,WLAN已经在医院、商店、工厂和学校等不适合网络布线的场合得到了广泛的应用。

【任务实施】

1)请写出各常用网络传输介质的作用和特点,见表1-3-1。

表1-3-1 网络传输介质

网络传输介质		特 点
有线传输介质	双绞线	

续表

网络传输介质		特　点
有线传输介质	同轴电缆	
	光纤	
无线传输介质	无线电波	
	微波	
	红外线	

2）写出下列网络传输介质具体会在哪里使用，见表 1-3-2。

表 1-3-2　网络传输介质应用举例

网络传输介质		应 用 例 举
有线传输介质	双绞线	
	同轴电缆	
	光纤	

	网络传输介质	应 用 例 举
无线传输介质	无线电波	
	红外线	

任务四　熟悉几种常见的网络拓扑结构

【任务描述】

了解何为网络拓扑结构，且能够对它们进行理解和区分。

【理论知识】

在介绍网络拓扑结构之前，先来了解一下何谓"拓扑"。

"拓扑"是音译外来词（Topology），是一种研究与大小有关、形状无关的结构图形（线、面）特征的方法。

从拓扑学的角度来看，"计算机网络的拓扑结构"就是把网络中的通信设备抽象成为"点"，通信介质抽象成为"线"的点线结合的几何图形，也称为计算机网络的物理结构图型。

下面介绍几个相关术语。

1. 网络拓扑

网络拓扑是由网络节点设备和通信介质构成的网络结构图。

2. 节点

节点就是网络单元。而网络单元是网络系统中的各种数据处理设备、数据通信控制设备和数据终端设备。

3. 链路

链路是两个节点间的连线。链路分为"物理链路"和"逻辑链路"两种，前者是指实际存在的通信连线，后者是指在逻辑上起作用的网络通路。

4. 通路

通路是从发出信息的节点到接收信息的节点之间的一串节点和链路。也就是说，它是一系列穿越通信网络而建立起的节点到节点的链路。

接下来，介绍几种常见的计算机网络拓扑结构，分别是总线型、环型、星型和树型网络拓扑结构。

（1）总线型网络拓扑结构

如图 1-4-1 所示，总线型拓扑结构的网络中，只有单根通信线路连接所有的计算机和其他的网络设备(如服务器、防火墙等),当一个节点向另一个节点发送数据时,所有节点都将被动地侦听该数据,但只有目标节点接收并处理发送给它的数据,而其他节点将忽略该数据。

总线型网络的特点:结构简单、便于扩充、价格相对较低、安装使用方便,但一旦总线的某一节点出现故障,整个网络就会陷于瘫痪。

(2) 环型网络拓扑结构

如图1-4-2所示,环型拓扑结构是使用公共电缆组成一个封闭的环,各节点直接连到环上,信息沿着环,按一定方向从一个节点传送到另一个节点。环接口一般由发送器、接收器、控制器、线控制器和线接收器组成。

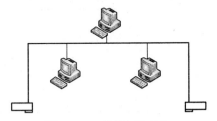

图1-4-1 总线拓扑结构

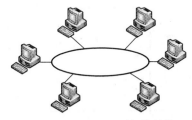

图1-4-2 环型拓扑结构

在环型拓扑结构中,有一个控制发送数据权力的"令牌",它在后边按一定的方向单向环绕传送,每经过一个节点都要被接收,然后判断一下,是发给该节点的则接收,否则的话就将数据送回到环中继续往下传。

环型拓扑结构的特点:信息在网络中沿着固定的方向流动,两个节点间有唯一的通路,可靠性高。但由于整个网络构成闭合环路,不易扩充;而且当环中的节点不断增加时,响应时间也会变得越来越长;如果环中某个节点或者某处发生故障,则整个网络将会瘫痪。

(3) 星型网络拓扑结构

如图1-4-3所示,星型结构是最古老的一种连接方式,如每天都使用的电话就属于这种结构。星型结构是指各工作站以星型方式连接成网。网络有中央节点,其他节点(工作站、服务器)都与中央节点直接相连,这种结构以中央节点为中心,因此又称为集中式网络。

星型拓扑结构的特点:由于使用中央设备作为连接点,星型拓扑结构可以很容易地移动、隔绝或与其他网络连接,具有其他网络的拓扑结构不可比拟的可扩展性;同时,星型拓扑结构网络的系统稳定性好,故障率低;不过,一旦中央节点发生故障,整个网络就会瘫痪。

(4) 树型网络拓扑结构

树型拓扑结构是星型拓扑结构的组合形式,是对星型拓扑结构的扩展。如图1-4-4所示,树型拓扑结构犹如一根倒立的树,有根节点和分支节点。

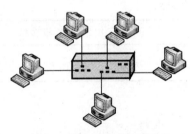

图1-4-3 星型拓扑结构

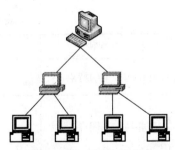

图1-4-4 树型拓扑结构

树型拓扑结构具有通信线路总长度短,网络成本较低,节点易于扩充,寻找比较快捷等优点;但除叶子节点外,一旦某节点出现故障,该节点的所有节点都会受到影响。

【任务实施】

1)对比几种网络拓扑图,写出它们的优缺点,见表1-4-1。

表1-4-1 网络拓扑图的优缺点

拓扑名称	优　点	缺　点
总线型拓扑		
环型拓扑		
星型拓扑		
树型拓扑		

2)观察实训机房的拓扑结构,判断机房的拓扑结构类型及特点,找出网络连接设备,并画出机房拓扑结构草图,分析这种网络结构的优缺点。见表1-4-2。

表1-4-2 网络拓扑图的优缺点

拓扑结构类型	□总线型　□环型　□星型　□树型　□混合型
该拓扑结构类型的特点	
拓扑结构草图	

	优　点	缺　点
网络结构的优、缺点		

【项目小结】

1）计算机网络是指利用通信设备和线路将多个具有独立工作能力的计算机系统连接起来，并由功能完善的网络软件按照统一的规则或约定（称为网络协议）进行数据通信，最终实现资源共享的信息系统。

2）按照网络覆盖的规模不同，将其分为三类：局域网、城域网和广域网。

3）常用的网络设备有中继器、集线器、交换机、网桥、路由器和网关等。

4）网络传输介质是网络中信息传递的载体，传输介质的性能将直接影响网络的运行。网络传输介质可分为有线和无线两大类。目前，常用的有线传输介质有双绞线、同轴电缆、光纤等；常用的无线传输媒介有无线电波、微波、红外线等。

该项目使我们对计算机网络有了一个大概的了解，不管是网络中需要的设备还是网络传输介质，或是网络的类型。但是想要深入学习网络知识，还要借助于后面的项目。

【独立实践】

项目描述。

见表1-4-3。

表1-4-3　任　务　单

1	了解计算机网络
2	了解几种常见的网络设备
3	了解几种常见的网络传输介质
4	熟悉几种常见的网络拓扑结构

任务一：了解计算机网络

了解计算机网络的定义、分类、组成。

任务二：了解几种常见的网络设备

了解几种常见的网络设备的作用和特点，如中继器、集线器、交换机、路由器、网桥和网关等。

任务三：了解几种常见的网络传输介质

了解几种常见的网络传输介质的作用和特点，如双绞线、光纤、同轴电缆等有线传输介质和激光、无线电波、微波等无线传输介质。

任务四：熟悉几种常见的网络拓扑结构

熟悉几种常见的网络拓扑结构,如总线型、环型、星型和树型网络拓扑结构,且能在实际环境中加以区分。

【思考与练习】

一、填空题

1) 不管网络多么的复杂,计算机网络都是由_____、_____和_____三部分组成。

2) 常见的计算机网络拓扑结构有_____型、_____型、_____型和_____型。

3) 常用的网络设备有_____、_____、_____、_____、_____和_____等。

4) 常用的网络传输介质分为_____和_____两种。其中,有线网络传输介质有_____、_____和_____等;无线网络传输介质有_____、_____和_____等。

二、问答题

请举出两个你身边应用局域网的例子。

三、观察题

实地考察一下学校的校园网。

1) 校园网是不是一种局域网?

2) 校园网用到了哪些网络设备和网络传输介质?

四、能力提高题

1) 请试着描述你所在学校校园网络的构成(网络设备和网络传输介质)。

2) 请试着绘制出你所在学校校园网络的网络拓扑图。

项目二　网络体系结构与网络协议

> 为了满足现代化教育的需求，某校要对原有的计算机网络进行扩容，故要采购一批新的电脑，同样也要对原来的网络进行升级，这时候如果将新的电脑布置进入校园网，能否与原来的旧电脑资源共享呢？推而广之，在因特网上计算机的型号、性能千差万别，又如何使它们能正常通信，并且实现资源共享呢？

【项目描述】

1）了解计算机网络体系结构的作用；
2）认识计算机网络协议在网络中所起的作用和所处的位置；
3）认识 OSI 开放系统互联参考模型；
4）认识 TCP/IP 协议。

【项目需求】

接入因特网的计算机一台

【相关知识点】

完成该项目所应该掌握的知识点：
1）计算机网络体系的定义和作用；
2）计算机网络协议的定义和作用；
3）OSI/RM 开放系统互联参考模型；
4）TCP/IP 协议。

【项目分析】

网络上的多台计算机之间不断地交换着数据信息和控制信息，但由于不同用户使用的计算机种类多种多样，不同类型的计算机有各自不同的体系结构、使用不同的编程语言、采用不同的数据存储格式、以不同的速率进行通信，彼此间并不都兼容，通信也就非常困难。为了让差异很大的计算机之间能够互相通信，就产生了协议和网络体系结构。

任务一 了解 OSI 模型

【任务描述】

1）掌握 OSI/RM 的层次结构；
2）描述数据在源设备和目标设备之间的传送过程。

【任务实施】

一、认识网络协议 HTTP

网络中的计算机如果需要通信，就需要使用各式各样的协议。例如浏览网页时，会看到 IE 的地址栏中为"http://www.baidu.com/"，这里所使用的就是超文本传送协议（HTTP 协议），如图 2-1-1 所示。

图 2-1-1 浏览网页

二、认识网络协议 FTP

网络上计算机之间进行文件传输时，一般使用文件传输协议（FTP 协议），如图 2-1-2 所示，地址栏中为"ftp://166.111.30.161/"，这里所使用的就是 FTP 协议。

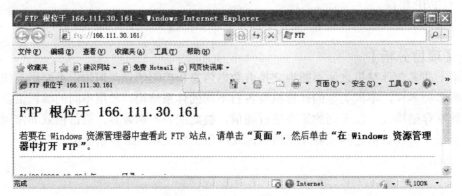

图 2-1-2 文件传输协议

三、认识网络协议 RTSP

用 Windows Media Player 在线看一段视频,如图 2-1-3 所示。

图 2-1-3　看视频

查看视频的属性,就可以看到它所使用的协议,如图 2-1-4 所示。

图 2-1-4　查看视频的属性

此视频所处的"位置"为:"rtsp://58.211.2.170:8755/jyjq2/movies/90/m07122800010006000 _a.wmv? token=189A5B97B02B39A9F4BC687F2861E4C32DFF61DE82CC5547107F126550AE 1F4BC28446DA67AAD00377034B26810059277595627A7647801E2EDD",这里所使用的协议就是 RTSP 协议。

【理论知识】

一、认识网络体系 Network Architecture

认识网络体系结构前,需要先认识一下"协议",计算机网络是非常复杂的结构,网络上的多台计算机之间不断地交换着数据信息和控制信息,但由于不同用户使用的计算机种类不同,且不同类型的计算机有各自不同的体系结构、使用不同的编程语言、采用不同的数据存储格式、以不同的速率进行通信,彼此间并不都兼容,通信也就非常困难。为了保证不同类型的计算机顺利地交换信息,就必须遵守一些事先约定好的共同规则。通常把在计算机网络中用于规定信息的格式以及如何发送和接收信息的一套规则称为协议(Protocol)。

网络协议由以下三个要素组成。语法:即数据与控制信息的结构或格式;语义:即需要发出何种控制信息,完成何种动作以及作出何种响应;同步:即事件实现顺序的详细说明。协议是控制两个对等实体进行通信的规则的集合。

网络协议可以使不兼容的系统互相通信。如果是给定的两个系统,则定义协议将非常方便,但随着各种不同类型的系统不断涌现,其难度也越来越大。允许任意两个具有不同基本体系结构的系统进行通信的一套协议集,称为一个开放系统。

一个完善的网络需要一系列网络协议构成一套完备的网络协议集。大多数网络在设计时将网络划分为若干个相互联系而又各自独立的层次,然后针对每个层次及层次间的关系制定相应的协议。这样可以减少协议设计的复杂性。像这样的计算机网络层次结构模型及各层协议的集合称为计算机网络体系结构(Network Architecture)。

层次结构中每一层都是建立在前一层的基础上的,下一层为上一层提供服务,上一层在实现本层功能时会充分利用下一层提供的服务。但各层之间是相对独立的,高层无须知道底层是如何实现的,仅需要知道低层通过层间接口所提供的服务即可。当任何一层因技术进步发生变化时,只要接口保持不变,其他各层就都不会受到影响。当不再需要某层提供的服务时,甚至可以将这一层取消。

通信是任何网络体系结构的基本目标。过去,一个厂商需要非常关心它自己的产品可以相互之间进行通信,并且如果它公开这种体系结构,那么其他厂商就可以生产和此竞争的产品了,这样就使得这些产品之间的兼容通常是很困难的。网络技术的发展过程中曾出现过多种网络体系结构。信息技术的发展在客观上提出了网络体系结构标准化的需求,在此背景下产生了国际标准化组织(ISO)的开放系统互联(OSI)参考模型。

二、认识 OSI/RM 的目标

OSI/RM,即开放式通信系统互联参考模型(Open System Interconnection Reference Model),是国际标准化组织(ISO)提出的一个试图使各种计算机在世界范围内互连为网络的标准框架。这里要注意的是,它只是参考模型,不是工业标准,它希望不同供应商的网络能够互相协同工作,但是至今为止,这还只是一个伟大的目标。

 【背景资料】

ISO 是一个国际标准化组织,其成员由来自世界上 100 多个国家的国家标准化团体组成,代表中国参加 ISO 的国家机构是中国国家技术监督局(CSBTS)。ISO 与国际电工委员会(IEC)有密切的联系,中国参加 IEC 的国家机构也是国家技术监督局。ISO 和 IEC 作为一个整体担负着制订全球协商一致的国际标准的任务,ISO 和 IEC 都是非政府机构,它们制订的标准实质上是自愿性的,这就意味着这些标准必须是优秀的标准,它们会给工业和服务业带来收益,所以它们自觉使用这些标准。ISO 和 IEC 不是联合国机构,但它们与联合国的许多专门机构保持技术联络关系。ISO 和 IEC 有约 1 000 个专业技术委员会和分委员会，各会员国以国家为单位参加这些技术委员会和分委员会的活动。ISO 和 IEC 还有约 3 000 个工作组，且每年制订和修订 1 000 个国际标准。

标准的内容涉及广泛，从基础的紧固件、轴承、各种原材料到半成品和成品，其技术领域涉及信息技术、交通运输、农业、保健和环境等。每个工作机构都有自己的工作计划，该计划列出需要制订的标准项目（试验方法、术语、规格、性能要求等）。

ISO 的主要功能是为人们制订国际标准达成一致意见而提供一种机制。其主要机构及运作规则都在一本名为 ISO/IEC 技术工作守则的文件中予以规定，其技术结构在 ISO 中有 800 个技术委员会和分委员会，它们各有一个主席和一个秘书处，秘书处是由各成员国分别担任，目前承担秘书国工作的成员团体有 30 个，各秘书处与位于日内瓦的 ISO 中央秘书处保持直接联系。

通过这些工作机构，ISO 已经发布了 9 200 个国际标准，如 ISO 公制螺纹、ISO 的 A4 纸张尺寸、ISO 的集装箱系列（目前，世界上 95%的海运集装箱都符合 ISO 标准）、ISO 的胶片速度代码、ISO 的开放系统互联（OS2）系列（广泛用于信息技术领域）和有名的 ISO9000 质量管理系列标准。

此外，ISO 还与 450 个国际和区域的组织在标准方面有联络关系，特别是与国际电信联盟（ITU）有密切联系。在 ISO/IEC 系统之外的国际标准机构共有 28 个。每个机构都在某一领域制订一些国际标准，通常它们在联合国控制之下。一个典型的例子就是世界卫生组织（WHO）。ISO/IEC 制订了 85%的国际标准，剩下的 15%由这 28 个其他国际标准机构制订。在 20 世纪 70 年代末期，ISO 提出了国际互联网的系统模型，网络专家对 ISO 所提出的模型进行了多次的修改，历经了七年的时间（1977—1984），ISO 确认了该模型，最后的文件是开放系统互联参考模型（OSI），Internet 和其他大部分网络均服从 OSI，或成为 ISO/OSI 模型。

三、了解 OSI/RM 的结构

OSI/RM 是按照层的结构来规划网络的，其结构如图 2-1-5 所示。

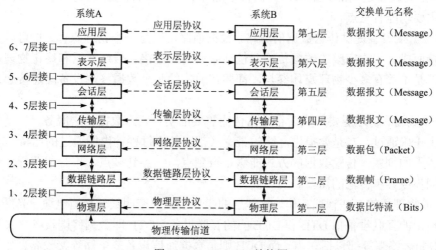

图 2-1-5 OSI/RM 结构图

不同主机之间的相同层次称为对等层，对等层之间互相通信需要遵守一定的规则，称为协议（Protocol）。将某个主机上运行的某种协议的集合称为协议栈。主机正是利用这个协议栈来接收和发送数据的。

OSI 参考模型通过将协议栈划分为不同的层次，可以简化问题的分析、处理过程以及网络系统设计的复杂性。把描述了所有需求的有效的通信过程，及这些过程逻辑上的组叫做层Layer。

网络体系分层的优点：
1）促进标准化工作，允许各个供应商进行开发。
2）各层间相互独立，把网络操作分成低复杂性单元。
3）灵活性好，一个层的变化不会影响到其他层。
4）各层间通过一个接口在相邻层上下通信。

四、认识 OSI 参考模型各层的作用

OSI（Open System Interconnect）开放式系统互联，参考模型是 ISO（国际标准化组织）和 CCITT（国际电报电话咨询委员会）联合制定的开放系统互联参考模型，为开放式互联信息系统提供了一种功能结构的框架，开放系统互联参考模型将网络自上而下分为：

7 应用层——Application Layer
6 表示层——Presentation Layer
5 会话层——Session Layer
4 传输层——Transport Layer
3 网络层——Network Layer
2 数据链路层——Data Link Layer
1 物理层——Physical Layer

各对应层均有不同的协议内容，这些协议的集合，就是 OSI 协议集。

1. 物理层

物理层（Application Layer）是 OSI 的第一层，它虽然处于最底层，却是整个开放系统的基础。物理层为设备之间的数据通信提供传输媒体及互联设备，为数据传输提供可靠的环境。物理层的主要功能有三点。

1）为数据端设备提供传送数据的通路，数据通路可以是一个物理媒体，也可以是多个物理媒体连接而成。一次完整的数据传输，包括激活物理连接、传送数据和终止物理连接。所谓激活，就是不管有多少物理媒体参与，都要在通信的两个数据终端设备间连接起来，形成一条通路。

2）传输数据。物理层要形成适合数据传输需要的实体，为数据传送服务。一是要保证数据能在其上正确通过，二是要提供足够的带宽（带宽是指每秒钟内能通过的比特（bit）数），以减少信道上的拥塞。传输数据的方式能满足点到点，一点到多点，串行或并行，半双工或全双工，同步或异步传输的需要。

3）完成物理层的一些管理工作。物理层的媒体包括架空明线、平衡电缆、光纤、无线信道等。通信用的互联设备指 DTE 和 DCE 间的互联设备。DTE 即数据终端设备，又称物理设备，如计算机、终端等都包括在内。而 DCE 则是数据通信设备或电路连接设备，如调制解调器等。数据传输通常是经过 DTE-DCE，再经过 DCE-DTE 的路径。互联设备指将 DTE 和 DCE 连接起来的装置，如各种插头、插座。LAN 中的各种粗、细同轴电缆、T 型接头、插头、接收器、发送器、中继器、集线器等设备都属于物理层。

2. 数据链路层

数据链路可以粗略地理解为数据通道。物理层要为终端设备间的数据通信提供传输介质及其连接。介质是长期的，连接是有生存期的。在连接生存期内，收发两端可以进行一次或多次数据通信。每次通信都要经过建立通信和拆除通信两个过程。这种建立起来的数据收发关系就叫做数据链路。而在物理媒体上传输的数据难免受到各种不可靠因素的影响而产生差错，为了弥补物理层上的不足，为上层提供无差错的数据传输，就要能对数据进行检错和纠错。数据链路的建立、拆除，对数据的检错和纠错是数据链路层的基本任务。

链路层是为网络层提供数据传送服务的，这种服务要依靠本层具备的功能来实现。链路层应具备如下四个功能。

1）链路连接的建立、拆除和分离。

2）帧定界和帧同步。链路层的数据传输单元是帧，且协议不同，帧的长短和界面也有差别，但无论如何必须对帧进行定界。

3）顺序控制，指对帧的收发顺序的控制。

4）差错检测和恢复，还有链路标识、流量控制等。差错检测多用方阵码校验和循环码校验来检测信道上数据的误码，而帧丢失等用序号检测。各种错误的恢复则常靠反馈重发技术来完成。

工作在链路层的产品中最常见的是网卡，网桥和交换机也是位于链路层的产品。

3. 网络层

在计算机终端较少的环境中，网络层的功能没有太大意义。当数据终端增多时，它们之间有中继设备相连，此时会出现一台终端要求不只是与唯一的一台而是能和多台终端通信的情况，这就产生了把任意两台数据终端设备的数据链接起来的问题，也就是路由或者叫寻径。另外，当一条物理信道建立之后，如果只被一对用户使用，往往会有许多空闲时间被浪费掉。人们自然会希望让多对用户共用一条链路，为解决这一问题就出现了逻辑信道技术和虚拟电路技术。

网络层为建立网络连接和为上层提供服务，应具备以下主要功能：

1）网络层提供路由和寻址的功能；

2）使两终端系统能够互联且决定最佳路径；

3）有一定的拥塞控制和流量控制的能力。

TCP/IP 协议体系中的网络层功能由 **IP** 协议规定和实现，故又称 **IP** 层。工作在网络层的设备主要是路由器和三层交换机，网络管理和维护时使用最多的 **PING** 命令也工作在网络层。

4. 传输层

传输层是两台计算机经过网络进行数据通信时，第一个端到端的层次，具有缓冲作用。当网络层服务质量不能满足要求时，它将服务加以提高，以满足高层的要求；当网络层服务质量较好时，它只用很少的工作。传输层（Transport Layer）是 OSI 中最重要、最关键的一层，是唯一负责总体数据传输和数据控制的一层。传输层提供端到端的交换数据机制，检查封包编号与次序，对其上三层如会话层等提供可靠的传输服务，对网络层提供可靠的目的地站点信息。

传输层的主要功能：

1）为端到端连接提供可靠的传输服务；
2）为端到端连接提供流量控制、差错控制、服务质量（Quality of Service，QoS）等管理服务。

5. 会话层

会话层提供的服务是应用建立和维持会话，并能使会话获得同步。会话层使用校验点可使通信会话在通信失效时从校验点继续恢复通信。这种能力对于传送大的文件极为重要。会话层、表示层、应用层构成开放系统的高 3 层，面向应用进程提供分布处理、对话管理、信息表示、检查和恢复与语义上下文有关的传送差错等。为给两个对等会话服务用户建立一个会话连接，应该做如下几项工作：
1）将会话地址映射为运输地址；
2）选择需要的运输服务质量参数（QoS）；
3）对会话参数进行协商；
4）识别各个会话连接；
5）传送有限的透明用户数据；
6）数据传输；
7）连接释放。

6. 表示层

表示层位于应用层的下面、会话层的上面，它从应用层获得数据并把它们格式化以供网络通信使用。该层将应用程序数据排序成一个有含义的格式并提供给会话层。这一层也通过提供诸如数据加密的服务来负责安全问题，并压缩数据以使网络上需要传送的数据尽可能地少。许多常见的协议都将这一层集成到了应用层中，例如，NetWare 的 IPX/SPX 就为这两个层次使用一个 NetWare 核心协议，TCP/IP 也为这两个层次使用一个网络文件系统协议。

表示层的主要功能为：
1）语法转换：将抽象语法转换成传送语法，并在对方实现相反的转换。涉及的内容有代码转换、字符转换、数据格式的修改，以及对数据结构操作的适应、数据压缩、加密等。
2）语法协商：根据应用层的要求协商选用合适的上下文，即确定传送语法并传送。
3）连接管理：包括利用会话层服务建立表示连接、管理在这个连接之上的数据运输和同步控制（利用会话层相应的服务），以及正常或异常地终止这个连接。

7. 应用层

应用层是开放系统的最高层，是直接为应用进程提供服务的。这些服务按其向应用程序提供的特性分成组，并称为服务元素。有些可为多种应用程序共同使用，有些则为较少的一类应用程序使用。其作用是在实现多个系统应用进程相互通信的同时，完成一系列业务处理所需的服务。

五、数据在网络中传输的过程

数据要通过网络进行传输，就要从高层一层一层向下传输，如果一个主机要传送数据到别的主机，就要先把数据装到一个特殊协议报头中，这个过程叫封装（encapsulate/encapsulation），反之就是解封装，主机接收到数据后，首先就要进行解封装，才能看到原始数据。数据在 OSI/RM 每层都会被封装成协议数据单元 PDU（Protocol Data Unit）。

每层使用自己层的协议与别的系统的对应层相互通信，协议层的协议在对等层之间交换的信息叫协议数据单元。

上三层的数据单元都称为"数据（Message）"；
传输层数据单元为"数据段（Segment）"；
网络层数据单元为"数据包（Packet）"；
数据链路层数据单元为"帧（Frame）"；
物理层数据单元为"位（bit）"。

数据在传送之前的封装过程，如图 2-1-6 所示，在 OSI 参考模型中，当一台主机需要传送用户的数据（DATA）时，数据首先通过应用层的接口进入应用层。在应用层，用户的数据被加上应用层的报头（Application Header，AH），形成应用层协议数据单元（Protocol Data Unit，PDU），然后被发送到下一层——表示层。

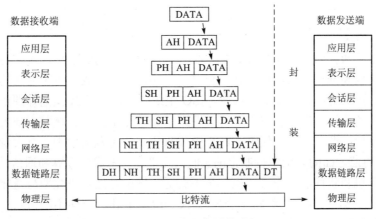

图 2-1-6　数据的封装过程

表示层并不需要理解上层——应用层的数据格式，而是把整个应用层递交的数据包看成是一个整体来进行封装，即加上表示层的报头（Presentation Header，PH）。然后，递交到下层——会话层。

会话层、传输层、网络层、数据链路层也都要分别给上层递交下来的数据加上自己的报头。它们是：会话层报头（Session Header，SH）、传输层报头（Transport Header，TH）、网络层报头（Network Header，NH）和数据链路层报头（Data link Header，DH）。其中，数据链路层还要给网络层递交的数据加上数据链路层报尾（Data link Termination，DT）形成最终的一帧数据。

当一帧数据通过物理层传送到目标主机的物理层时，该主机的物理层把它递交到上层——数据链路层。数据链路层解封装去掉数据帧的帧头部 DH 和尾部 DT（同时还进行数据校验）。如果数据没有出错，则递交到上层——网络层。

同样，网络层、传输层、会话层、表示层、应用层也要做解封装工作。最终，原始数据被递交到目标主机的具体应用程序中。

回顾一下整个过程，就会发现，在 OSI 参考模型中，每个层次只需要知道如何对数据包进行封装和解封装之后再交给下一个层，对每个层次来说别的层次几乎是透明的，它的通信对象只是对方主机的同一层次。例如，主机 A 和主机 B 进行通信，以它们的网络层为例：主机 A 将上层传来的数据封装后，交给下一层次的接口，对主机 A 的网络层而言，数据就已经传给主机 B 了，至于数据接下来如何转换和传输，它不需要了解，主机 B 收到主机 A 的数据后，进行解封，一直传输到主机 B 的网络层，主机 B 的网络层收到的数据包就和数据 A 的网络层发出的数据包一样，这样，在主机 B 的网络层看来，似乎就是主机 A 的网络层直接和自己的网络层在通信一样。同样，主机 A 也是只能看到主机 B 的网络层。

六、OSI/RM 的主要缺点

OSI/RM 并不是一个非常完美的网络体系，在 OSI 参考模型中会话层和表示层几乎是空的，数据链路层和网络层包含内容太多，有很多的子层插入，每个子层都有不同的功能。OSI 模型以及相应的服务定义和协议都极其复杂，很难实现。有些功能，例如编址、流控制和差错控制，都会在每一层重复出现，这必然降低系统的效率。

【知识拓展】

OSI 推出的初衷是解决各个厂家、各个型号的计算机之间的连接，当时各个厂家虽然都有自己的网络协议和网络结构，但只适合自家的产品，这就造成了各家之间的网络体系（包括协议和结构）不兼容，为解决这个问题，ISO 组织就推出了 OSI 模型并期望大众能为实现这个模型编写新的协议。但是，推出后马上遇到了 OSI 过于复杂、臃肿、效率低下，会话层和表示层基本没用；没有现成的代码（TCP/IP 发展于实验室及大学中，有大量可用的代码选择）；模型是由通信方面的人士主持制定的，他们几乎没有考虑到计算和通信的关系，并且某些决定对于计算机和软件的工作方式也完全不合适；推出时处在研究期与商业投资期间的低谷（这一点极为关键，它导致已经将资金投入 TCP/IP 商业化的公司不愿再拿出钱来发展一个和 TCP/IP 差不多的东西）等问题。因此，从它一诞生起，就备受冷落，只有部分电信运营商使用了 OSI 协议。在这场可以说是争夺未来 Internet 核心的战争中 TCP/IP 协议取得了最后的胜利。

既然，OSI 在商业中已经失败，那为什么大学教材及许多计算机教材仍重点介绍 OSI 呢？首先，OSI 详细地划分了网络各层，定义了各层的功能，为理解网络结构提供了好的教材，也为网络设计提供了借鉴。可以说，OSI 模型总结了前人在网络结构设计中的经验和教训，为网络设计提供了完整的模型。其次，Internet 没有一个完整、标准的模型，使用 OSI 可以大致为 Internet 提供一个模型。参考 OSI 可以将 IP 归入 OSI 的网络层、TCP/UDP 归入传输层。这种归纳其实是大致的，IP 和 TCP 有部分功能已经超出了网络层和传输层的范围，因为 OSI 毕竟不是为 Internet 协议而生的，完全以 OSI 为基础研究网络是不可取的。

任务二　认识 TCP/IP 协议

【任务描述】

了解了 OSI 参考模型之后，知道通过特定的网络体系，计算机之间就可以正常通信了，无论机器的新旧和网络的大小，但是又可以知道，OSI 参考模型还只是一个参考框架，并没有完全被人们广泛应用，那么现实生活中所使用的是什么网络体系呢？它能保证计算机之间的正常通信吗？

如今，TCP/IP 协议是计算机网络中使用最为广泛的协议，学习本任务可以了解网络体系在现实网络中的应用，同时学习 TCP/IP 协议，可以理解网络协议在现实生活中的具体应用。

【任务实施】

一、测试 TCP/IP 协议

安装网络硬件和网络协议之后，一般要进行 TCP/IP 协议的测试工作，那么怎样测试才算是比较全面的测试呢？一般认为，全面的测试应包括局域网和互联网两个方面，因此应从局域网和互联网两个方面测试，以下是实际工作中利用命令行测试 TCP/IP 配置的步骤。

1）单击"开始"/"运行"命令，在弹出的"运行"对话框中输入 cmd 并按回车键，如图 2-2-1 所示。

2）在弹出的命令提示符窗口中，首先检查 IP 地址、子网掩码、默认网关、DNS 服务器地址是否正确，输入命令 ipconfig /all，并按回车键，如图 2-2-2 所示。

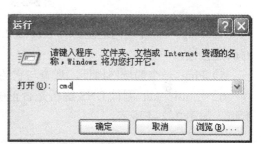

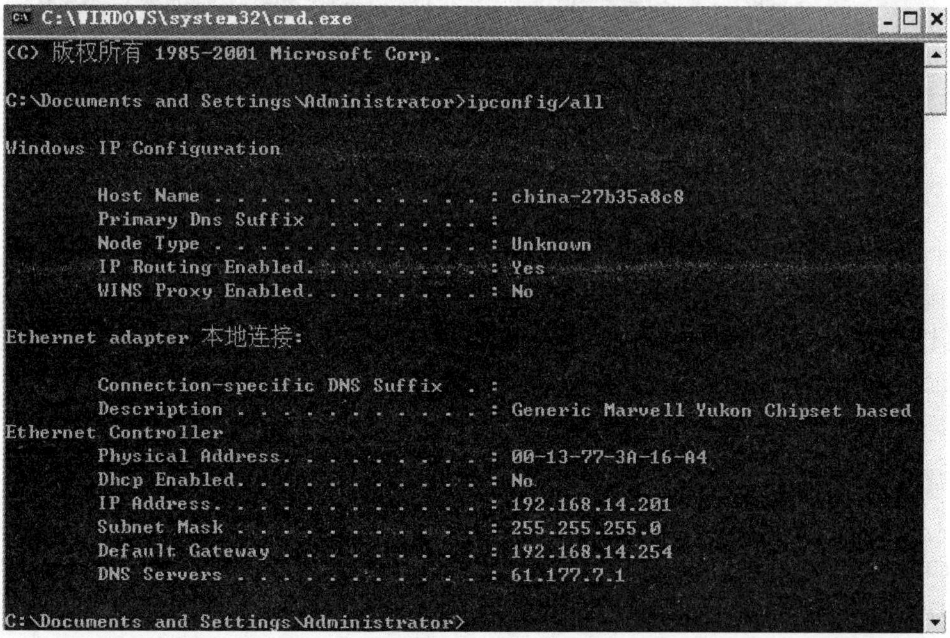

图 2-2-1 "运行"对话框

图 2-2-2 命令提示符窗口

3）输入 ping 127.0.0.1，观察网卡是否能转发数据，如果出现"Request timed out"，则表明配置差错或网络有问题，如图 2-2-3 所示。

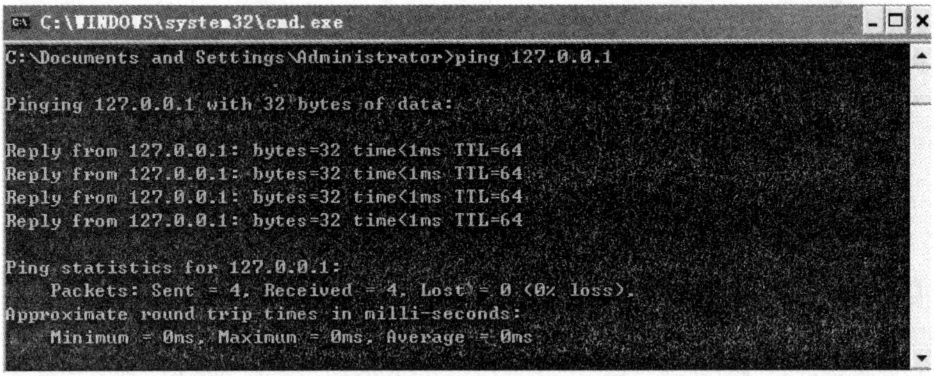

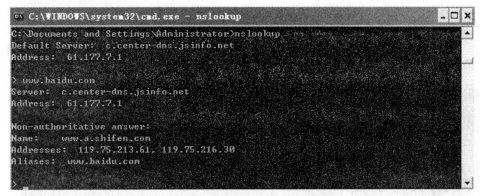

图 2-2-3 输入 ping127.0.0.1

4）Ping 一个互联网地址，如 ping 202.102.128.68，看是否有数据包传回，以验证与互联网的连接性。

5）Ping 一个局域网地址，观查与它的连通性。

6）用 nslookup 测试 DNS 解析是否正确，如输入 nslookup www.baidu.com，查看是否能解析，如图 2-2-4 所示。

图 2-2-4 输入 nslookup www.baidu.com

如果计算机通过了全部测试，则说明网络正常，否则网络可能有不同程度的问题。此处不展开详述。不过，要注意，在使用 ping 命令时，有些主机设置丢弃 ICMP 数据包，会造成 ping 命令无法正常返回数据包，不妨换个网站试试。

【理论知识】

一、TCP/IP 协议简介

TCP/IP 历史上有几个重要里程碑：

1970，ARPANET 主机开始使用网络控制协议（NCP）；

1972，第一个 Telnet 标准"Ad hoc Telnet Protocol"作为 RPC318 提交；

1973，采用 RFC454，"文件传输协议"；

1974，传输控制程序 Transmission Control Protocol（TCP）被详细地描述；

1981，IP 标准作为 RFC791 公布；

1982，国防通信研究局（DCA）和 ARPA 把 TCP 和 IP 作为 TCP/IP 协议集；

1983，ARPANET 由 NCP 转向 TCP/IP；

1984 采用域名系统 DNS。

总之，自 1983 年 Internet 网全面采用 TCP/IP 网络体系及协议规范以来，其规模迅速膨胀，在 10 多年的时间里形成了跨越五大洲的世界上最大的计算机互联网络。尽管国际标准化组织早已制定了许多开放系统互联的协议标准，但至今仍看不到可以与 Internet 抗衡的洲际网。它同时还被美国国防部（DOD）列为军用标准。TCP/IP 协议还被美国和西欧的军用网络，如 DDM、MINET、MILNET 等采用。特别是自从美国加州大学伯克利分校的 UNIX BSD4.2 版中首先在操作系统核心实现了 TCP/IP 后，随后的各种主流 UNIX 系统的网络环境都以 TCP/IP 为核心，因而得到了更为广泛的应用。长期的实践中证明，TCP/IP 成功地向端用户提供了传输层和网络层的服务。它是一种成熟、实际上的军用标准和工业标准。因此，目前 TCP/IP 仍扮演着举足轻重的作用，且在一段时间内仍会是重要的互联网协议。但同时还应看到，TCP/IP 与 OSI 有明显的差异，这一方面是其具有简洁实用的长处，另一方面表明它不符合国际标准。这样即使它获得了大量组织、厂商和用户的支持，仍然面临着 OSI 的压力。从现在它拥有 6 000 多万用户这一事实看，它确实取得了空前的辉煌业绩，表现了它具有的潜在力量。但是信息产业经常面临着风云突变的威胁，没有永远可以高枕无忧的胜利者。何况它本身存在着安全、继续扩展带来的问题，所以它也经常面临着严峻的挑战。TCP/IP 是 Transmission Control Protocol/Internet Protocol 的简写，中文译名为传输控制协议/互联网络协议，是 Internet 最基本的协议，简单地说，就是由底层的 IP 协议和 TCP 协议组成的。

1983 年 1 月 1 日，运行较长时期的 NCP 协议被停止使用，TCP/IP 协议作为因特网上所有主机间的共同协议，被作为一种必须遵守的规则被肯定和应用。正是由于 TCP/IP 协议，才有了今天的"地球村"因特网的巨大发展。

二、TCP/IP 的作用

TCP/IP 是供已连接因特网的计算机进行通信的通信协议。

TCP/IP 指传输控制协议/网际协议（Transmission Control Protocol / Internet Protocol）。

TCP/IP 定义了电子设备（比如计算机）如何连入因特网，以及数据如何在它们之间传输的标准。

◎ 备注

1970 年 12 月，S.Crocker 在加州大学洛杉矶分校领导的网络工作小组（NWG）制定出"网络控制协议"（NCP）。最初，这个协议还是作为信包交换程序的一部分来设计的，可是他们很快就意识到关系的重大，不如把这个协议独立出来为好。

由于这个协议是局部使用，不必考虑不同电脑之间、不同操作系统之间的兼容性问题，因此也就简单得多了。虽然"网络控制协议"是一台主机直接对另一台主机的通信协议，实质上它是一个设备驱动程序。一开始的时候，那些"接口信号处理机"被用在同样的网络条件下，相互之间的连接也就相对稳定，因此没有必要涉及控制传输错误的问题。

可是要把各种不同类型、不同型号的电脑和网络连在一起就非常困难。于是，很多人都在研究怎样建立一个共同的标准，让在不同的网络后面的计算机可以自由地沟通，这就有了现在的 TCP/IP 协议。

三、TCP/IP 通信协议的体系结构

TCP/IP 协议组之所以流行，部分原因是因为它可以用在各种各样的信道和底层协议（例如 T1 和 X.25、以太网以及 RS-232 串行接口）之上。确切地说，TCP/IP 协议是一组包括 TCP 协议和 IP 协议，UDP（User Datagram Protocol）协议、ICMP（Internet Control Message Protocol）协议和其他一些协议的协议组。

TCP/IP 整体构架见表 2–2–1。

表 2–2–1 TCP/IP 整体构架

OSI	TCP/IP	
应用层	应用层	Telnet，FTP，SMTP，DNS，HTTP 等应用协议
表示层		
会话层		
传输层	传输层	TCP，UDP
网络层	网络层	IP，ARP，RARP，ICMP
数据链路层	网络接口层	各种通信网络接口（以太网等）
物理层		（物理网络）

四、TCP/IP 模型每层的作用

开放式系统互联参考模型，是一种通信协议的七层抽象的参考模型，其中每一层执行某一特定任务。该模型的目的是使各种硬件在相同的层次上相互通信。这七层是：物理层、数据链路层、网路层、传输层、话路层、表示层和应用层。可是 TCP/IP 协议并不完全符合 OSI 的七层开放系统互联参考模型，TCP/IP 通信协议采用了四层的层级结构，每一层都呼叫它的下一层所提供的网络来完成自己的需求。这四层分别简述如下：

应用层：应用程序间沟通的层，如简单电子邮件传输（SMTP）、文件传输协议（FTP）、网络远程访问协议（Telnet）等。

传输层：在此层中，它提供了节点间的数据传送服务，如传输控制协议（TCP）、用户数据报协议（UDP）等，TCP 和 UDP 给数据包加入传输数据并把它传输到下一层中，这一层负责传送数据，并且确定数据已被送达并接收。

网络层：负责提供基本的数据封包传送功能，让每一块数据包都能够到达目的主机（但不检查是否被正确接收），如网际协议（IP）。

网络接口层：对实际的网络媒体的管理，定义如何使用实际网络（如 Ethernet、Serial Line 等）来传送数据。

五、网络层协议

1. 网间协议 IP

IP 是英文 Internet Protocol 的缩写，意思是"网络之间互连的协议"，也就是为计算机网络相互连接进行通信而设计的协议。在因特网中，它是能使连接到网络上的所有计算机网络实现相互通信的一套规则，它规定了计算机在因特网上进行通信时应当遵守的规则。任何厂家生产的计算机系统，只要遵守 IP 协议就可以与因特网互联互通。正是因为有了 IP 协议，

因特网才得以迅速发展成为世界上最大的、开放的计算机通信网络。因此，IP协议也可以叫做"因特网协议"。

网络协议（IP）是网络上信息从一台计算机传递给另一台计算机的方法或者协议。网络上每台计算机（主机）至少具有一个IP地址将其与网络上的其他计算机区别开。当发送或者接受信息时，信息被分成几个信息包。每个信息包都包含了发送者和接受者的网络地址。信息包交给网关，网关按照信息包内包含的目的地址，将信息包送到下一个邻近的网关，下一个网关仍然读到目的地址，如此一直向前通过网络，直到有网关确认这个信息包属于其最紧邻或者其范围内的计算机，最终直接进入到其指定地址的计算机。因为一个信息被分成了多个信息包，如果必要，每个信息包都能够通过网络不同的路径发送。信息包有可能没有按照它们发送时的顺序到达。网络协议（IP）仅仅是递送它们。另外一个协议——传输控制协议（TCP）才能够将它们按照正确顺序组合成原样。在开放的系统互联（OSI）参考模式中，IP位于第三层——网络层。

2. IP地址

在Internet上连接的所有计算机，从大型机到微型计算机都是以独立的身份出现的，称它为主机。为了实现各主机间的通信，每台主机都必须有一个唯一的网络地址，才不至于在传输资料时出现混乱。

Internet是由无数台计算机互相连接而成的，而要确认网络上的每一台计算机，靠的就是能唯一标识该计算机的网络地址，这个地址就叫做IP（Internet Protocol）地址，即用Internet协议语言表示的地址。

目前，在Internet里，IP地址是一个32位的二进制地址，为了便于记忆，将它们分为4组，每组8位，由小数点分开，用四个字节来表示，而且，用点分开的每个字节的数值范围是0~255，如192.168.0.1，这种书写方法叫做点数表示法。

IP地址可确认网络中的任何一个网络和计算机，而要识别其他网络或其中的计算机，则是根据这些IP地址的分类来确定的。一般将IP地址按节点计算机所在的网络规模的大小分为A、B、C三类，默认的子网掩码是根据IP地址中的第一个字段确定的。

◎扩展知识

如今最广泛应用的IP地址版本是IPv4。然而，IP版本6（IPv6）也已经开始使用了。IPv6为了更长的地址作准备，因此可以满足更多网络使用者的需要。IPv6包括了IPv4的功能，任何支持IPv6信息包的服务器同样也支持IPv4信息包。

IPv6是"Internet Protocol Version 6"的缩写，也被称作下一代互联网协议，它是由IETF小组（Internet工程任务组，Internet Engineering Task Force）设计的，是用来替代现行的IPv4（现行的IP）协议的一种新的IP协议。

Internet的主机都有一个唯一的IP地址，IP地址用一个32位二进制的数表示一个主机号码，但32位地址资源有限，已经不能满足用户的需求了，因此Internet研究组织发布新的主机标识方法，即IPv6。在RFC1884中（RFC是Request for Comments document的缩写。RFC实际上就是Internet有关服务的一些标准），规定的标准语法建议把IPv6地址的128位（16个字节）写成8个16位的无符号整数，每个整数用四个十六进制位表示，这些数之间用冒号（:）分开，例如：3ffe: 3201: 1401: 1280: c8ff: fe4d: db39。

IPv6 相对于现在的 IP（即 IPv4）有如下特点：
1）提供更大的地址空间，能够实现 plug and play 和灵活的重新编址；
2）更简单的头信息，能够使路由器提供更有效率的路由转发；
3）与 Mobile IP 和 IPSec 保持兼容的移动性和安全性；
4）提供丰富的从 IPv4 到 IPv6 的转换和互操作的方法，IPSec 在 IPv6 中是强制性的。

3. ARP 与 RARP 协议

ARP，全称 Address Resolution Protocol，中文名为地址解析协议，它工作在数据链路层，用于将网络中的协议地址（当前网络中大多是 IP 地址）解析为本地的硬件地址（MAC 地址）。

注意：此文中的协议地址都以 IP 地址为例，硬件地址以 MAC 地址为例。

ARP 的工作流程如下：

首先，每台主机都会在自己的 ARP 缓冲区（ARP Cache）中建立一个 ARP 列表，以表示 IP 地址和 MAC 地址的对应关系。

当源主机需要将一个数据包发送到目的主机时，会先检查自己的 ARP 列表中是否存在该 IP 地址对应的 MAC 地址，如果有，就直接将数据包发送到这个 MAC 地址；如果没有，就向本地网段发起一个 ARP 请求的广播包，查询此目的主机对应的 MAC 地址。此 ARP 请求数据包里包括源主机的 IP 地址、硬件地址，以及目的主机的 IP 地址。

网络中所有的主机收到这个 ARP 请求后，会检查数据包中的目的 IP 是否和自己的 IP 地址一致。如果不相同就忽略此数据包；如果相同，该主机首先将发送端的 MAC 地址和 IP 地址添加到自己的 ARP 列表中，如果 ARP 表中已经存在该 IP 的信息，则将其覆盖，然后给源主机发送一个 ARP 响应数据包，告诉对方自己是它需要查找的 MAC 地址。

源主机收到这个 ARP 响应数据包后，将得到的目的主机的 IP 地址和 MAC 地址添加到自己的 ARP 列表中，并利用此信息开始数据的传输。如果源主机一直没有收到 ARP 响应数据包，则表示 ARP 查询失败。

RARP，全称 Reverse Address Resolution Protocol，中文名为逆向地址解析协议，它工作在数据链路层，用于将本地的硬件地址（MAC 地址）解析为网络中的协议地址（当前大多是 IP 地址）。

RARP 的工作流程如下：

发送主机发送一个本地的 RARP 广播，在此广播包中，声明自己的 MAC 地址并且请求任何收到此请求的 RARP 服务器分配一个 IP 地址；本地网段上的 RARP 服务器收到此请求后，检查其 RARP 列表，查找该 MAC 地址对应的 IP 地址；如果存在，RARP 服务器就给源主机发送一个响应数据包并将此 IP 地址提供给对方主机使用；如果不存在，RARP 服务器对此不作任何响应；源主机收到从 RARP 服务器的响应信息，就利用得到的 IP 地址进行通信。如果一直没有收到 RARP 服务器的响应信息，就表示初始化失败。

4. ICMP 协议

Internet 控制信息协议（ICMP）是 IP 组的一个整合部分。通过 IP 包传送的 ICMP 信息主要用于涉及网络操作或错误操作的不可达信息。ICMP 包发送是不可靠的，所以主机不能依靠接收 ICMP 包解决任何网络问题。ICMP 的主要功能如下：

通告网络错误。比如，某台主机或整个网络由于某些故障不可达。如果有指向某个端口号的 TCP 或 UDP 包没有指明接受端，也由 ICMP 报告。

通告网络拥塞。当路由器缓存太多包，由于传输速度无法达到它们的接收速度，将会生成"ICMP 源结束"信息。对于发送者，这些信息将会导致传输速度降低。当然，更多的 ICMP 源结束信息的生成也将引起更多的网络拥塞，所以使用起来较为保守。

协助解决故障。ICMP 支持 Echo 功能，即在两个主机间一个往返路径上发送一个包。Ping 是一种基于这种特性的通用网络管理工具，它将传输一系列的包，测量平均往返次数并计算丢失百分比。

通告超时。如果一个 IP 包的 TTL 降低到零，则路由器就会丢弃此包，这时会生成一个 ICMP 包通告这一事实。TraceRoute 是一个工具，它通过发送小 TTL 值的包及监视 ICMP 超时通告可以显示网络路由。

ICMP 在 IPv6 定义中重新修订。此外，IPv4 组成员协议（IGMP）的多点传送控制功能。

六、认识传输层协议

1. 传输控制协议 TCP

尽管计算机通过安装 IP 软件，从而保证了计算机之间可以发送和接收资料，但 IP 协议还不能解决资料分组在传输过程中可能出现的问题。因此，若要解决可能出现的问题，连上 Internet 的计算机还需要安装 TCP 协议来提供可靠的并且无差错的通信服务。

TCP 协议被称作一种端对端协议。这是因为它为两台计算机之间的连接起了重要作用：当一台计算机需要与另一台远程计算机连接时，TCP 协议会让它们建立一个连接、发送和接收资料以及终止连接。

传输控制协议 TCP 协议利用重发技术和拥塞控制机制，向应用程序提供可靠的通信连接，使它能够自动适应网上的各种变化。即使在 Internet 暂时出现堵塞的情况下，TCP 也能够保证通信的可靠。

众所周知，Internet 是一个庞大的国际性网络，网络上的拥挤和空闲时间总是交替不定的，加上传送的距离也远近不同，所以传输资料所用时间也会变化不定。TCP 协议具有自动调整"超时值"的功能，能很好地适应 Internet 上各种各样的变化，确保传输数值的正确。

因此，从上面可以了解到：IP 协议只保证计算机能发送和接收分组资料，而 TCP 协议则可提供一个可靠的、可流控的、全双工的信息流传输服务。

传输控制协议 TCP 通过序列确认以及包重发机制，提供可靠的数据流发送和到应用程序的虚拟连接服务。TCP 与 IP 协议相结合，组成了因特网协议的核心。

由于大多数网络应用程序都在同一台机器上运行，因此计算机上必须能够确保目的地机器上的软件程序能从源地址机器处获得数据包，以及源计算机能收到正确的回复。这是通过使用 TCP 的"端口号"来完成的。网络 IP 地址和端口号结合成为唯一的标识，称之为"套接字"或"端点"。TCP 在端点间建立连接或虚拟电路进行可靠通信。

TCP 服务提供了数据流传输、可靠性、有效流控制、全双工操作和多路复用技术等。

流数据传输：TCP 交付一个由序列号定义的无结构的字节流。这个服务对应用程序有利，因为在送出到 TCP 之前应用程序不需要将数据划分成块，TCP 可以将字节整合成字段，然后传给 IP 进行发送。

可靠性：TCP 通过面向连接的、端到端的可靠数据报发送来保证可靠性。TCP 在字节上加上一个递进的确认序列号来告诉接收者：发送者期望收到的下一个字节。如果在规定时间内,没有收到关于这个包的确认响应,应重新发送此包。TCP 的可靠机制允许设备处理丢失、延时、重复及读错的包。超时机制允许设备监测丢失包并请求重发。

有效流控制:当向发送者返回确认响应时,接收 TCP 进程就会说明它能接收并保证缓存不会发生溢出的最高序列号。

全双工操作:TCP 进程能够同时发送和接收包。

TCP 中的多路技术:大量同时发生的上层会话能在单个连接上时进行多路复用。

2. 用户数据报协议 UDP

UDP 是一种无连接的传输层协议,提供面向事务的简单不可靠信息传送服务。UDP 协议基本上是 IP 协议与上层协议的接口。UDP 协议使用端口来区别运行在同一台设备上的多个应用程序。

由于大多数网络应用程序都在同一台机器上运行,因此计算机上必须能够确保目的地机器上的软件程序能从源地址机器处获得数据包,以及源计算机能收到正确的回复。这是通过使用 UDP 的"端口号"来完成的。例如,如果一个工作站希望在工作站 61.177.7.1 上使用域名服务系统,它就会给数据包一个目的地址 61.177.7.1,并在 UDP 头插入目标端口号 53。源端口号标识了请求域名服务的本地机的应用程序,同时需要将所有由目的站生成的响应包都指定到源主机的这个端口上。

与 TCP 不同,UDP 并不提供对 IP 协议的可靠机制、流控制以及错误恢复功能等。由于 UDP 比较简单,UDP 头包含很少的字节,比 TCP 负载消耗少。

UDP 适用于不需要 TCP 可靠机制的情形,比如,当高层协议或应用程序提供错误和流控制功能的时候。UDP 是传输层协议,服务于很多知名应用层协议,包括网络文件系统(NFS)、简单网络管理协议(SNMP)、域名系统(DNS)以及简单文件传输系统(TFTP)。

七、常见的应用层协议

BEEP:区块扩展交换协议;

BOOTP:引导协议(Bootstrap Protocol);

DCAP:数据转接客户访问协议(Data Link Switching Client Access Protocol);

DHCP:动态主机配置协议(Dynamic Host Configuration Protocol);

DNS:域名系统(服务)协议(Domain Name System and Domain Name Service protocol);

Finger:查找器用户信息协议(User Information Protocol);

FTP:文件传输协议(File Transfer Protocol);

HTTP:超文本传输协议(Hypertext Transfer Protocol);

IMAP & IMAP4:因特网信息访问协议(Internet Message Access Protocol(version 4));

IPFIX:互联网协议流信息输出;

IRCP/IRC:因特网在线聊天协议(Internet Relay Chat Protocol);

LDAP:轻量级目录访问协议(Lightweight Directory Access Protocol(version 3));

MIME/S-MIME:多用途网际邮件扩充协议(Multipurpose Internet Mail Extensions and Secure MIME);

NAT:网络地址转换(IP Network Address Translation);

NETCONF:网络配置协议;

NNTP：网络新闻传输协议（Network News Transfer Protocol Overview）；
NTP：网络时间协议（Network Time Protocol）
POP & POP3：邮局协议（Post Office Protocol）；
Rlogin：远程登录命令（Remote Login in Unix systems）；
RMON MIB：远程监控管理信息库（Remote Monitoring MIBs（RMON1 and RMON2））；
RWhois：远程目录访问协议（RWhois Protocol）；
S-HTTP：安全超文本传输协议（Secure Hypertext Transfer Protocol）；
SLP：服务定位协议（Service Location Protocol）；
SMTP：简单邮件传输协议（Simple Mail Transfer Protocol）；
SNMP：简单网络管理协议（Simple Network Management Protocol）；
SNTP：简单网络时间协议（Simple Network Time Protocol）；
Syslog 协议；
TELNET：TCP/IP 终端仿真协议（TCP/IP Terminal Emulation Protocol）；
TFTP：简单文件传输协议（Trivial File Transfer Protocol）；
URL：统一资源定位器（Uniform Resource Locator）；
X 视窗/X 协议：用于 UNIX 和 Linux 图形显示的 X 视窗系统协议（X Window or X Protocol or X System）。

【知识拓展】

一、使用 Sniffer Pro 监控 TCP "三次握手"

在 TCP/IP 协议中，TCP 协议提供可靠的连接服务，采用三次握手建立一个连接。

第一次握手：建立连接时，客户端发送 syn 包（syn=j）到服务器，并进入 SYN_SEND 状态，等待服务器确认；

第二次握手：服务器收到 syn 包，必须确认客户的 SYN（ack=j+1），同时自己也发送一个 SYN 包（syn=k），即 SYN+ACK 包，此时服务器进入 SYN_RECV 状态；

第三次握手：客户端收到服务器的 SYN+ACK 包，向服务器发送确认包 ACK（ack=k+1），此包发送完毕，客户端和服务器进入 ESTABLISHED 状态，完成三次握手。

完成三次握手，客户端与服务器开始传送数据。

1. 下载安装 Sniffer Pro

Sniffer 是 NAI 公司推出的功能强大的协议分析软件。它可以：

1）捕获网络流量进行详细分析；
2）利用专家分析系统诊断问题；
3）实时监控网络活动；
4）收集网络利用率和错误等。

安装窗口如图 2-2-5 所示。

图 2-2-5 Sniffer 软件安装窗口

填写完整的注册信息，如图 2-2-6 所示。

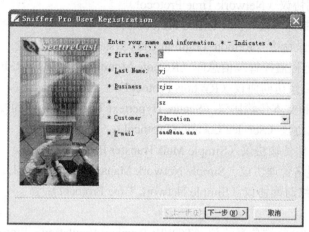

图 2-2-6 填写注册信息

安装完成后重启计算机就可以使用了。

2. 启动 Sniffer

单击："开始"→"所有程序"→Sniffer Pro→Sniffer 选项，即可打开该程序。

3. 使用 Sniffer

1) 首次启动需要选择监控的网卡，然后单击"确定"按钮，如图 2-2-7 所示。

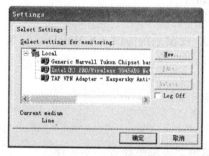

图 2-2-7 选择监控网卡

2) 主界面如图 2-2-8 所示。

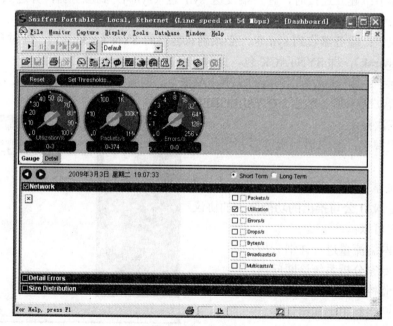

图 2-2-8 主界面

默认情况下，Sniffer 会抓取刚才选择的网卡中进出的所有数据包，显然，许多数据包并不是所需的，大量抓取数据包的杂乱结果反而会带来困扰，首先对要抓取的数据包进行筛选。

在主界面单击 Capture→Define Filter 选项。如图 2-2-9 所示。

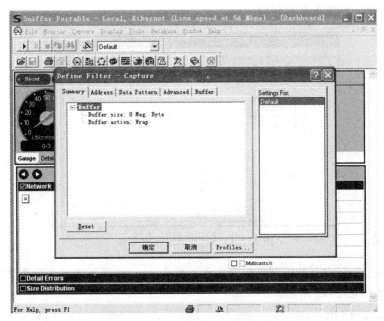

图 2-2-9　单击 Define—Filter 选项

在 Address 选项卡中可以定义抓取特定的 MAC 地址、IP 地址和 IPX 地址的数据包。

Station1 和 Station2 中可分别填写 IP 地址，表示数据交换的双方。

例如，抓取与百度进行 TCP/IP 进行三次握手的过程，百度的 IP 地址为 220.181.6.18，于是，在 Station2 中输入 220.181.6.18，Station1 中留空，电脑会自动补齐 Any，表示 Sniffer 将抓取所有主机与 220.181.6.18 之间的数据通信（当然不可能抓取到互联网上所有与百度通信的数据，但能抓取到的数据包必须是经过 Sniffer 监控的网卡进行传输的，如图 2-2-10 所示。

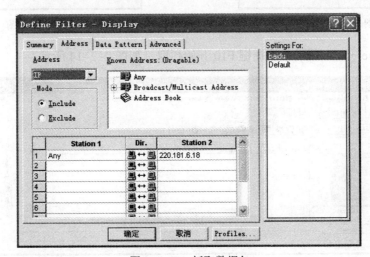

图 2-2-10　抓取数据包

如果需要对数据包类型进行过滤的话，选择 Advanced 选项卡。

假设需要抓取所有 HTTP 和 ICMP 协议的数据，就选择 IP 中的 ICMP 和 TCP 中的 HTTP，如果不选，默认会抓取所有类型的数据包。Packet Size 选项中，可以定义捕捉的包的大小，如图 2-2-11 所示，这里不选择任何协议。

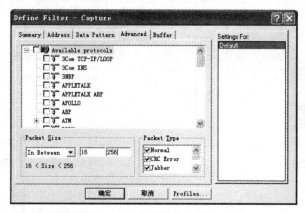

图 2-2-11　定义捕捉包的大小

单击 Profiles 按钮定义此规则的配置文件。单击 new 按钮新建一个配置文件，为此规则取名并保存，如图 2-2-12 所示。

结果如图 2-2-13 所示。

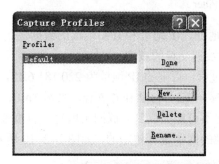

图 2-2-12　新建文件

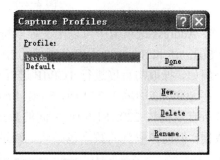

图 2-2-13　结果图

单击 Capture→Start 或者按快捷键 F10 开始抓取，如图 2-2-14 所示。

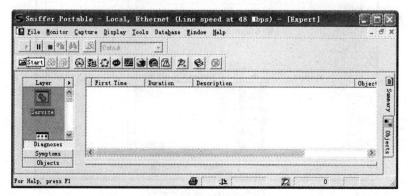

图 2-2-14　抓取

打开 IE 浏览器，查看百度首页，如图 2-2-15 所示。

图 2-2-15　查看百度首页

能正常显示，则说明本机与百度之间的连接已经建立并且能正常传输数据，此时可以对结果进行分析。单击 Capture→Stop and Display 或者按快捷键 F9 显示结果，在抓取的结果窗口中选择"Decode"选项卡，会显示所有的已经抓取的数据包，如图 2-2-16 所示。

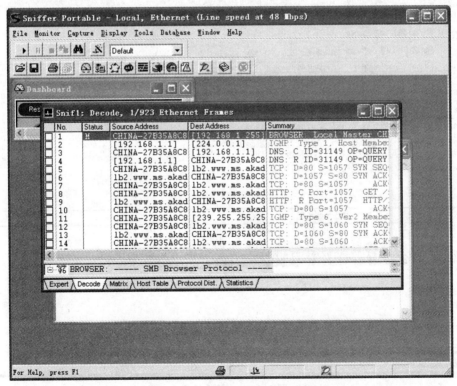

图 2-2-16　所有已抓取的数据包

显然，Sniffer 抓取了进出的所有数据包，需要对结果进行筛选，且只选取与 220.181.6.18

相关的内容，单击 Display→Select Filter，选择刚才保存的配置文件，选中之后单击"确定"按钮。如图 2-2-17 所示。

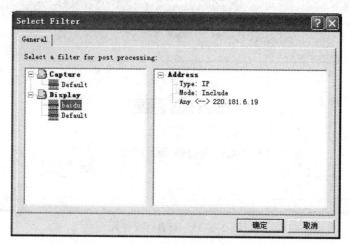

图 2-2-17 筛选文件

结果如图 2-2-18 所示。

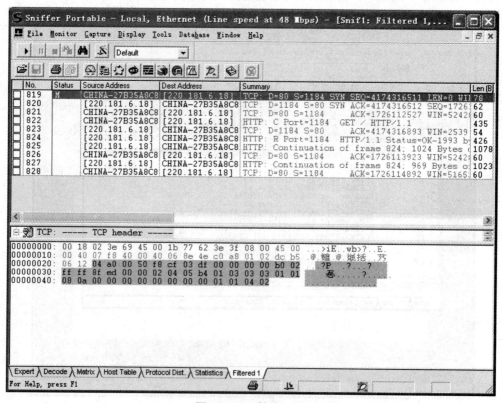

图 2-2-18 筛选结果

序号为 819、820、821 的三个数据包就是三次握手的数据包。

【项目小结】

计算机网络体系是计算机网络基础的核心内容,也是今后进一步学习网络知识的基础,学习本项目,可以对网络的体系结构有较为深入的了解,也明白了数据在网络中的传输和流通的方式。

【独立实践】

项目描述:认识网络体系结构,见表 2-2-2。

表 2-2-2 任 务 单

1	查询本机的网络设置
2	测试本机 TCP/IP 协议的安装情况
3	使用 Sniffer 抓取 TCP 三次握手的过程

任务一:查询本机的网络设置
任务二:测试本机的 TCP/IP 协议安装情况
任务三:使用 Sniffer 抓取 TCP 三次握手的过程

【思考与练习】

一、填空题

1)20 世纪 70 年代_____的出现是计算机网络发展的里程碑,其核心技术是_____。

2)_____是控制两个对等实体进行通信的规则的结合。

3)在 OSI 参考模型中,上层使用下层所提供的_____。

4)面向连接服务具有_____、_____和_____这三个阶段。

5)为进行网络中的数据交换而建立的规则、标准或约定即为_____。

6)从通信的角度看,各层所提供的服务可分为两大类,即_____和_____。

7)TCP/IP 体系共有四个层次,它们是_____、_____、_____和_____。

二、问答题

1)面向连接服务与无连接服务各自的特点是什么?

2)开放系统互联的基本参考模型 OSI/RM 中"开放"的含义是什么?

项目三 使用 Windows 的常用网络命令

高效、快速地解决网络故障,是每一位网络管理人员都需要认真学习的"功课"。为了做好这项"功课",网络管理人员们动足了脑筋,并总结出了相当多的处理网络故障的经验。其中一条经验就是在排除故障过程中如果能够巧妙地运用好各种网络命令,就能够起到事半功倍的效果。

【项目描述】

对于网络管理员或计算机用户来说,了解和掌握几个实用的 Windows 常用网络命令有助于更好地使用和维护网络。通过使用系统自带的一些命令,可以在命令提示符下通过使用命令来帮助定位网络故障。

本项目的学习要求大家完成以下几点:
1)了解 ping、ipconfig、tracert、netstat、arp、route 命令的功能;
2)理解 ping、ipconfig、tracert、netstat、arp、route 命令常用参数的含义;
3)学会使用 ping、ipconfig、tracert、netstat、arp、route 命令。

【项目需求】

实验设备和环境:两台计算机组成的一个局域网,并连接到 Internet 的网络。将这两台计算机的 IP 地址设为:192.168.2.1 和 192.168.2.2。

【相关知识点】

1)TCP/IP 参考模型;
2)常用 ping、ipconfig、tracert、netstat、arp、route 网络命令的功能;
3)ping、ipconfig、tracert、netstat、arp、route 网络命令常用参数的含义。

【项目分析】

下面逐次来学习这些网络命令:
1)ping 命令的使用。
2)ipconfig 命令的使用。
3)tracert 命令的使用。
4)netstat 命令的使用。
5)arp 命令的使用。

6) route 命令的使用。

任务一　网络命令 ping 的使用

ping 命令是最常用的网络命令。它是用来检查网络是否通畅和测试网络连接速度的命令。对一个网络管理员或者黑客来说，ping 命令是第一个必须掌握的网络命令。

【任务描述】

ping 命令所利用的原理是：网络上的机器都有唯一确定的 IP 地址，当给目标 IP 地址发送一个数据包时，对方就要返回一个同样大小的数据包，根据返回的数据包可以确定目标主机的存在，也可以初步判断目标主机的操作系统等。利用它可以检查网络是否能够连通，用好它可以很好地帮助分析判定网络故障。

【任务实施】

步骤 1：单击"开始"→"运行"命令，在弹出的对话框中输入 cmd，然后单击"确定"按钮，进入命令解释程序（如图 3-1-1 所示）。

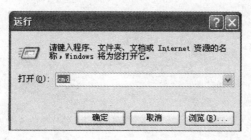

图 3-1-1　进入命令解释程序

步骤 2：ping 127.0.0.1（如图 3-1-2 所示）。

这个 ping 命令用来测试本机的 TCP/IP 协议。如果不通，就表示 TCP/IP 的安装或运行存在某些最基本的问题。

步骤 3：ping 192.168.2.1（本机 IP 地址）。

这个命令用来测试本机网络配置。计算机始终都应该对该 ping 命令作出应答，如果没有，则表示本地配置或安装存在问题。出现此问题时，应先断开网络电缆，然后重新发送该命令。如果网线断开后本命令正确，则表示另一台计算机可能配置了相同的 IP 地址。

步骤 4：ping 192.168.2.2（局域网内其他 IP 地址）。

这个命令离开本机，经过网卡及网络电缆到达其他计算机，再返回。收到回送应答表明本地网络运行正确。但如果收到 0 个回送应答，那么则表示子网掩码不正确或网卡配置错误或传输网络有问题。

步骤 5：ping www.baidu.com（如图 3-1-3 所示）。

对域名执行 ping 命令，通常是通过 DNS 服务器。如果这里出现故障，则表示 DNS 服务器的 IP 地址配置不正确或 DNS 服务器有故障。

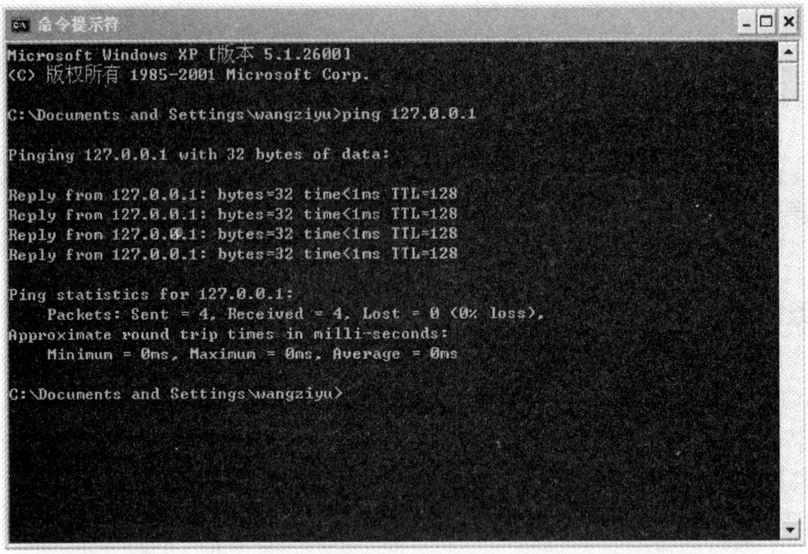

图 3-1-2 使用 ping127.0.0.1 命令。

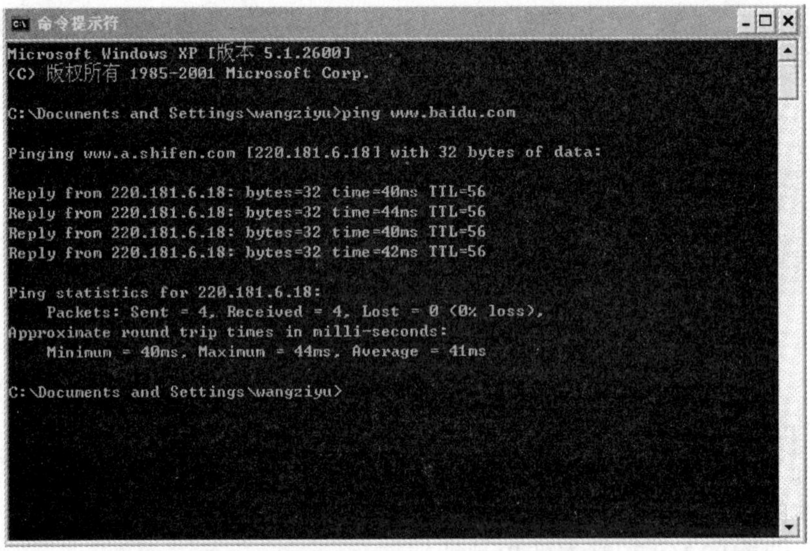

图 3-1-3 使用 ping www.baidu.com 命令

【理论知识】
一、TCP/IP 参考模型简介
TCP/IP（传输控制协议/网间协议）是一种网络通信协议，它规范了网络上的所有通信设备，尤其是一个主机与另一个主机之间的数据往来格式以及传送方式。TCP/IP 是 Internet 的基础协议，也是一种电脑数据打包和寻址的标准方法。

美国国防部高级研究局（DARPA）为实现异种网络之间的互联与互通，大力资助互联网技术的开发，于 1977 年到 1979 年间推出了目前的 TCP/IP 结构模型，TCP/IP 参考模型也被称为 TCP/IP 协议栈。由于 ISO 制定的 OSI 参考模型过于庞大和复杂，招致了许多批评和非议。而结构简单、功能实用的 TCP/IP 参考模型获得了更为广泛的应用。

鉴于 TCP/IP 参考模型是由 TCP/IP 系列网络协议所构成的，而不仅仅是传输控制协议（TCP）和网际协议（IP）两种协议，而且有些协议并没有严格的分层界限，因此，TCP/IP 参考模型的结构分层并不太统一。最通用的分层方法是将 TCP/IP 协议分为四层，即应用层、传输层、网络互连层、网络接口层。

在传输层中，它提供了节点间的数据传送服务，如传输控制协议（TCP）、用户数据报协议（UDP）等，TCP 和 UDP 给数据包加入传输数据并把它传输到下一层中，这一层负责传送数据，并且确定数据已被送达并接收。

1. TCP

如果 IP 数据包中有已经封好的 TCP 数据包，那么 IP 将把它们向"上"传送到 TCP 层。TCP 将包排序并进行错误检查，同时实现虚电路间的连接。TCP 数据包中包括序号和确认，所以未按照顺序收到的包可以被排序，而损坏的包可以被重传。

TCP 将它的信息送到更高层的应用程序，例如 Telnet 的服务程序和客户程序。应用程序轮流将信息送回 TCP 层，TCP 层便将它们向下传送到 IP 层，设备驱动程序和物理介质，最后到达接收方。

面向连接的服务（例如 Telnet、FTP、rlogin、X Windows 和 SMTP）需要高度的可靠性，所以它们使用了 TCP。DNS 在某些情况下使用 TCP（发送和接收域名数据库），但使用 UDP 传送有关单个主机的信息。

2. UDP

UDP 与 TCP 位于同一层，但它不管数据包的顺序、错误或重发。因此，UDP 不被应用于那些使用虚电路的面向连接的服务，而主要用于那些面向查询——应答的服务，例如 NFS。相对于 FTP 或 Telnet，这些服务需要交换的信息量较小。使用 UDP 的服务包括 NTP（网络时间协议）和 DNS（DNS 也使用 TCP）。

欺骗 UDP 包比欺骗 TCP 包更容易，因为 UDP 没有建立初始化连接（也可以称为握手，因为在两个系统间没有虚电路），也就是说，与 UDP 相关的服务面临着更大的危险。

网络互联层负责提供基本的数据封包的传送功能，让每一块数据包都能够到达目的主机（但不检查是否被正确接收），如网际协议（IP）。

3. IP 协议

网际协议 IP 是 TCP/IP 的心脏，也是网络层中最重要的协议。

IP 层接收由更低层（网络接口层，例如以太网设备驱动程序）发来的数据包，并把该数据包发送到更高层——TCP 或 UDP 层；相反，IP 层也把从 TCP 或 UDP 层接收来的数据包传送到更低层。IP 数据包是不可靠的，因为 IP 并没有做任何事情来确认数据包是按顺序发送的或者是否被破坏。IP 数据包中含有发送它的主机的地址（源地址）和接收它的主机的地址（目的地址）。

高层的 TCP 和 UDP 服务在接收数据包时，通常假设包中的源地址是有效的。也可以这样说，IP 地址形成了许多服务的认证基础，而这些服务相信数据包是从一个有效的主机发送来的。IP 确认包含一个选项，叫作 IP Source Routing，可以用来指定一条源地址和目的地址之间的直接路径。对于一些 TCP 和 UDP 的服务来说，使用了该选项的 IP 包就好像是从路径上的最后一个系统传递过来的,而不是来自于它的真实地点。这个选项是为了测试而存在的,说明它可以被用来欺骗系统而进行平常被禁止的连接。那么,许多依靠 IP 源地址作确认的服务将产生问题并且会被非法入侵。

二、ping 命令

这个程序用来检测一帧数据从当前主机传送到目的主机所需要的时间。它通过发送一些小的数据包,并接收应答信息来确定两台计算机之间的网络是否连通。当网络运行中出现故障时,采用这个使用程序来预测故障和确定故障源是非常有效的。如果执行 ping 不成功,则可以预测故障出现在以下几个方面:网线是否连通,网络适配器配置是否正确,IP 地址是否可用等;如果执行 ping 成功而网络仍无法使用,那么问题很可能出在网络系统的软件配置方面,ping 成功只能保证当前主机与目的主机间存在一条连通的物理路径。它提供了许多参数,如-t 使当前主机不断向目的主机发送数据,直到使用快捷键 Ctrl+C 来中断;-n 可以自己确定向目的主机发送的次数等。

ping 命令的格式如下:

ping[-t][-a][-n count][-l size][-f][-i TTL][-v TOS][-r count][-s count][[-j host-list]|[-k host-list]][-w timeout]destination-list

参数说明如下:

1) -t ping 当前主机不断向目的主机发送数据,直到使用快捷键 Ctrl+C 来中断。
2) -a 以 IP 地址格式(不是主机名形式)显示网络地址。
3) -n count 指定要做多少次 ping,其中 count 为正数值。
4) -l size 发送包含由 size 指定的数据量的数据包。默认为 32 字节,最大值是 65 527。
5) -f 在数据包中发送"不要分段"标志。数据包就不会被路由上的网关分段。
6) -i TTL 将"生存时间"字段设置为 TTL 指定的值。TTL 是指在停止到达的地址前应经过多少个网关。
7) -v TOS 将"服务类型"字段设置为 TOS 指定的值。
8) -r count 指出要记录路由的轮数(去和回)。
9) -s count "count" 指定的跃点数的时间戳。
10) -j host-list 指定希望分组的路由。
11) -k host-list 与-j 参数基本相同,只是不能使用额外的主机。
12) -w timeout 指定超时间隔,单位为毫秒,默认为 1 000。

一般使用较多的参数为-t、-n、-w。如果需要查询 ping 命令的参数,可以通过在命令提示符号下输入 ping/? 来查看帮助,如图 3-1-4 所示。

例如:如果 ping 某一网络地址 www.sina.com,出现:"Reply from 202.102.75.162: bytes=32 time=12 ms TTL=57"(如图 3-1-5 所示),则表示本地与该网络地址之间的线路是通畅的;如果出现"Request timed out",则表示此时发送的小数据包不能到达目的地,此时可能有两种情况,一种是网络不通,还有一种是网络连通状况不佳。此时还可以使用带参数的 ping 来确定是哪一种情况。

例如:ping www.163.com –t –w 3 000 会不断地向目的主机发送数据,并且响应时间增大到 3 000 ms,此时如果都是显示"Reply timed out",则表示网络之间确实不通,如果不是全部显示"Reply timed out",则表示此网站还是通的,只是响应时间长或通信状况不佳。

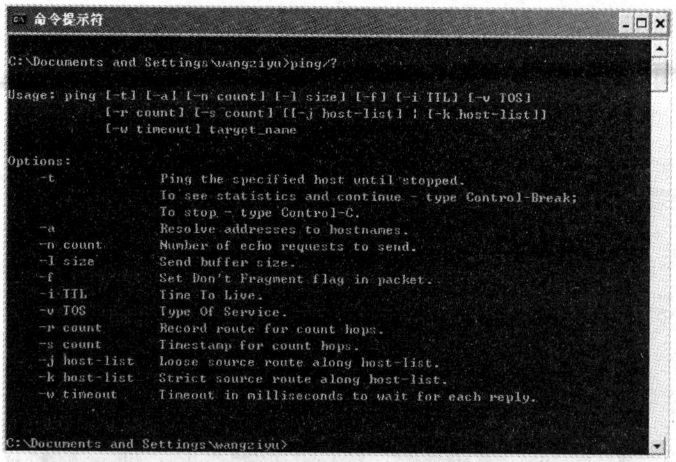

项目三 使用 Windows 的常用网络命令   53

图 3-1-4 使用 ping/? 查看帮助

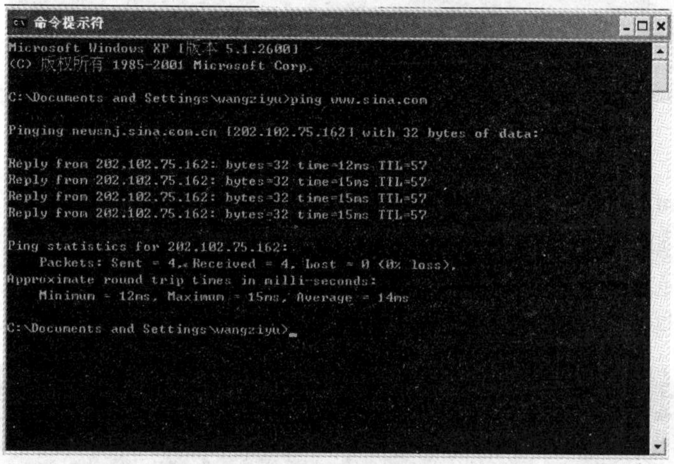

图 3-1-5 线路畅通

任务二 网络命令 ipconfig 的使用

【任务描述】

ipconfig 命令用于显示当前的 TCP/IP 配置的设置值，这些信息一般用来检验人工配置的 TCP/IP 设置是否正确。如果计算机和所在的局域网使用了动态主机配置协议（DHCP），ipconfig 也可以帮助了解计算机当前的 IP 地址、子网掩码和默认网关。ipconfig 命令实际上是进行测试和故障分析的必要项目。

【任务实施】

ipconfig 命令的使用有以下几个步骤，如图 3-2-1 所示。

步骤1：在命令解释程序里输入 ipconfig（不带任何参数选项）

当使用 ipconfig 时不带任何参数选项，显示为每个已经配置了的接口的 IP 地址、子网掩码和默认网关值。

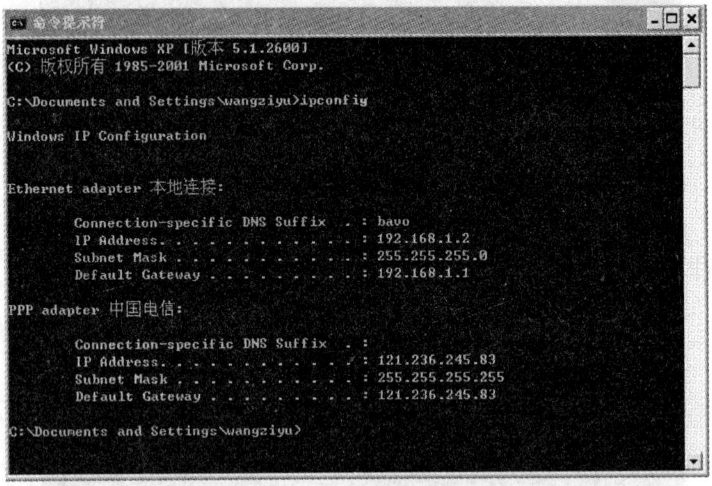

图 3-2-1 使用 ipconfig 命令

步骤2：ipconfig /all

当使用 all 选项时，ipconfig 能为 DNS 和 WINS 服务器显示已配置且所要使用的附加信息（如IP 地址等），并且显示内置于本地网卡中的物理地址（MAC）。如果 IP 地址是从 DHCP 服务器租用的，则 ipconfig 将显示 DHCP 服务器的 IP 地址和租用地址预计失效的日期。如图 3-2-2 所示。

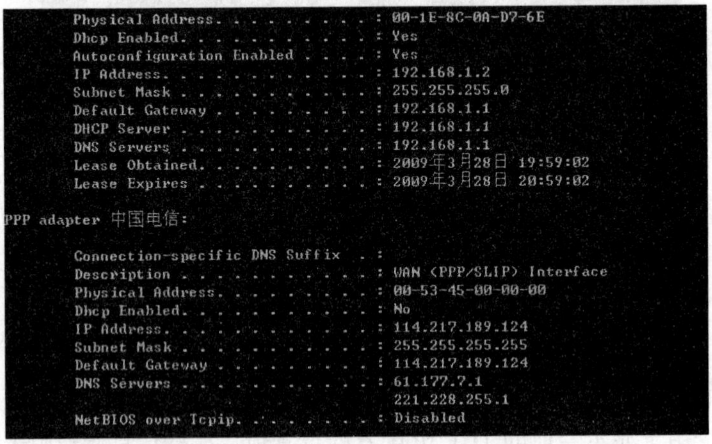

图 3-2-2 使用 ipconfig 命令

【理论知识】

ipconfig 命令也是很基础的命令，主要功能就是显示用户所在主机内部的 IP 协议的配置信息等资料，可以查看机器的网络适配器的物理地址、IP 地址、子网掩码，以及默认网关等，是判断本机的相关参数设置是否正确的常用命令。

ipconfig 的命令格式如下：

项目三 使用 Windows 的常用网络命令   55

ipconfig[/？|/all|/release[adapter]|/renew[adapter]]
其中的参数说明如下：
1）/？显示 ipconfig 的格式和参数的英文说明（如图 3-2-3 所示）。

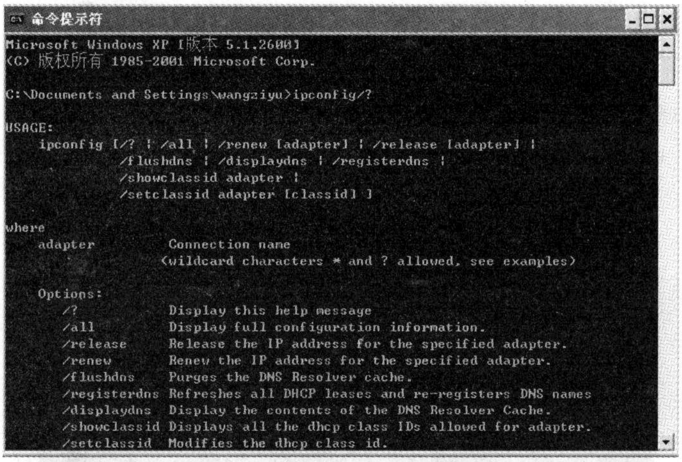

图 3-2-3 ipconfig/？查看帮助

2）/all 显示与 TCP/IP 协议相关的所有细节信息，其中包括测试的主机名、IP 地址、子网掩码、节点类型、是否启用 IP 路由、网卡的物理地址、默认网关等。

3）/release 为指定的适配器（或全部适配器）释放 IP 地址（只适用于 DHCP）。

4）/renew 为指定的适配器（或全部适配器）更新 IP 地址（只适用于 DHCP）。

使用不带参数的 ipconfig 命令可以得到以下信息，IP 地址、子网掩码、默认网关。而使用 ipconfig/all，则可以得到更多的信息，如主机名、DNS 服务器、节点类型、网络适配器的物理连接地址、主机的 IP 地址、子网掩码，以及默认网关等。

例如：C：\>ipconfig，显示如下：
Windows IP Configuration
Ethernet adapter 本地连接：
Connection-specific DNS Suffix . :
IP Address：192.168.0.14
Subnet Mask：255.255.255.0
Default Gateway：192.168.0.1

任务三　网络命令 tracert 的使用

【任务描述】

下面介绍 tracert 命令的使用。如果有网络连通性问题，则可以使用 tracert 命令来检查到达的目标 IP 地址的路径并记录结果。tracert 命令显示用于将数据包从计算机传递到目标位置的一组 IP 路由器，以及每个跃点所需的时间。如果数据包不能传递到目标，tracert 命令将显示成功转发数据包的最后一个路由器。tracert 一般用来检测故障的位置,也可以用 tracert IP 确定在哪个环节上出了问题。

【任务实施】

使用 tracert 命令的主要步骤如下所述。

步骤 1:在命令解释程序里输入:

tracert　www.baidu.com,如图 3-3-1 所示。

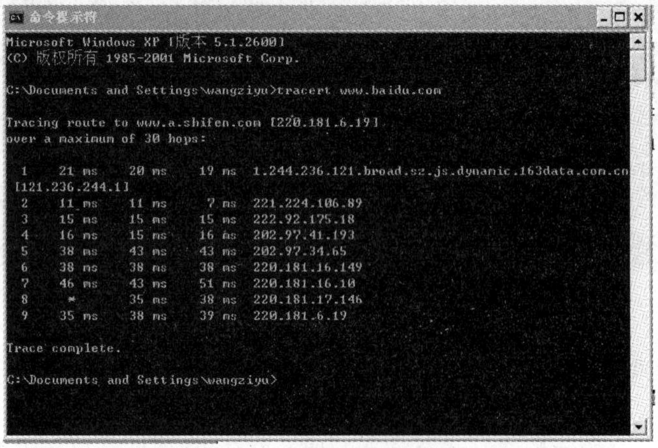

图 3-3-1　使用 tracert 命令

【理论知识】

一、tracert 命令检测经过的网络路径

这个程序的功能是判定数据包到达目的主机所经过的路径,并显示数据包经过的中继节点的清单和到达时间。

tracert 命令的格式如下:

tracert [-d] [-h maximum_hops] [-j host-list] [-w timeout] target_name

参数说明如下:

1)-d 不解析主机名。

2)-h maximum_hops 指定搜索到目的地地址的最大轮数。

3)-j host-list 沿着主机列表释放路由。

4)-w 指定超时时间间隔(单位为 ms)。

任务四　网络命令 netstat 的使用

【任务描述】

本选项能够按照各个协议分别显示其统计数据。如果应用程序(如 Web 浏览器)运行速度比较慢，或者不能显示 Web 页之类的数据，则可以用本选项来查看一下所显示的信息。仔细查看统计数据的各行，并找到出错的关键字，进而确定问题所在。

【任务实施】

步骤 1：使用命令 netstat –s，如图 3–4–1 所示。

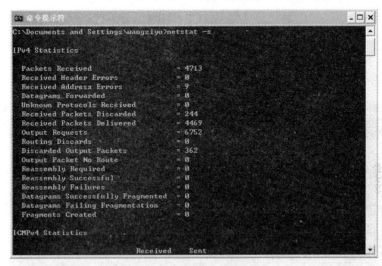

图 3–4–1　使用 netstat –s 命令

步骤 2：使用命令 netstat –n，显示所有已建立的有效连接。如图 3–4–2 所示。

图 3–4–2　使用 netstat –n 命令建立连接

【理论知识】

netstat 检测网络的使用状态：netstat 命令的功能是显示网络连接、路由表和网络接口信息，可以让用户得知目前都有哪些网络连接并正在运作。

该命令的一般格式为：

netstat [-a][-e][-n][-s][-p proto][-r][interval]

命令中各参数的含义如下：

1）-a 显示所有主机的端口号，包括正在监听的。

2）-e 显示以太网统计信息。

3）-n 以数字表格形式显示地址和端口。

4）-s 显示每个协议的使用状态（包括 TCP、UDP、IP）。

5）-p proto 显示特定协议的具体使用信息。

6）-r 显示本机路由表的内容。

例如，查看本机有哪些端口正在通信，可以使用 netstat -an，如图 3-4-3 所示。

图 3-4-3　使用 netstat –an 命令

任务五　网络命令 arp 的使用

【任务描述】

使用 arp 命令，能够查看本地计算机或另一台计算机的 arp 高速缓存中的当前内容。此外，使用 arp 命令，也可以用人工方式输入静态的网卡物理或 IP 地址，也可能会使用这种方式为缺省网关和本地服务器等常用主机进行这项操作，有助于减少网络上的信息量。

【任务实施】

步骤 1：arp 常用命令选项为 arp –a

在命令解释程序里输入：arp –a，如图 3-5-1 所示。

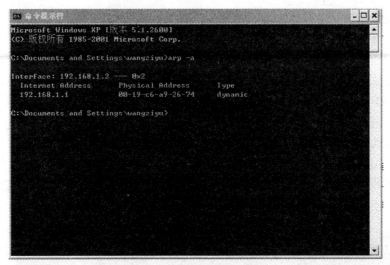

图 3–5–1　使用 arp -a 命令

【理论知识】

一、ARP 协议

网络接口层是 TCP/IP 参考模型中的最底层，包括多种逻辑链路控制和媒体访问控制协议。对实际网络媒体的管理，定义如何使用实际网络（如 Ethernet、Serial Line 等）来传送数据。这层中有一个重要的协议——ARP 协议。

1. ARP 协议简介

ARP 协议是"Address Resolution Protocol"（地址解析协议）的缩写。在局域网中，实际传输的是"帧"，帧里面有目标主机的 MAC 地址。在以太网中，一个主机要和另一个主机进行直接通信，就必须知道目标主机的 MAC 地址。但这个目标 MAC 地址是如何获得的呢？是通过地址解析协议获得的。所谓"地址解析"就是主机在发送帧前将目标 IP 地址转换成目标 MAC 地址的过程。ARP 协议的基本功能就是通过目标设备的 IP 地址，查询目标设备的 MAC 地址，以保证通信顺利进行。

2. ARP 报文格式

在以太网中，ARP 报文格式见表 3–5–1。

表 3–5–1　ARP 报文格式

硬件类型		协议类型	
硬件地址长度	协议长度	操　　作	
发送方首部（八位组 0～3）			
发送方首部（八位组 4～5）		发送方 IP 地址（八位组 0～1）	
发送方 IP 地址（八位组 2～3）		目的首部（八位组 0～1）	
目的首部（八位组 2～5）			
目的 IP 地址（八位组 0～3）			

1）硬件类型指明发送方想知道的硬件接口类型。如以太网的值为1。
2）协议类型指明发送方提供的高层协议地址类型。如 TCP/IP 互联网，采用 IP 地址，值为十六进制的 0806。
3）操作指明 ARP 的操作类型。如 ARP 请求为 1，ARP 响应为 2，RARP 请求为 3，RARP 响应为 4（RARP 为逆向地址解析协议）。
4）在以太网环境下的 ARP 报文，硬件地址为 48 位（6 个八位组）。

3. ARP 协议的作用

为了解释 ARP 协议的作用，就必须理解数据在网络上的传输过程。这里举一个简单的 PING 例子。假设计算机要执行这个命令：ping 220.181.6.18，该命令会通过 ICMP 协议发送 ICMP 数据包。如图 3-5-2 所示。

图 3-5-2　执行 Ping 命令

该过程需要经过下面的步骤：

1）应用程序构造数据包，该示例是产生 ICMP 包，被提交给内核（网络驱动程序）。
2）内核检查是否能够转化该 IP 地址为 MAC 地址，也就是在本地的 ARP 缓存中查看 IP-MAC 对应表。
3）如果存在该 IP-MAC 对应关系，那么跳到步骤 7；如果不存在该 IP-MAC 对应关系，那么继续下面的步骤。
4）进行 ARP 广播，目的地的 MAC 地址是 FF-FF-FF-FF-FF-FF，ARP 命令类型为 REQUEST（ARP 包类型为 1），其中包含有自己的 MAC 地址。
5）当 220.181.6.18 主机接收到该 ARP 请求后，就发送一个 ARP 的 REPLY（ARP 包类型为 2）命令，其中包含自己的 MAC 地址。
6）本地获得 220.181.6.18 主机的 IP-MAC 地址对应关系，并保存到 ARP 缓存中。
7）内核将把 IP 转化为 MAC 地址，然后封装在以太网头结构中，再把数据发送出去。

使用 arp-a 命令就可以查看本地的 ARP 缓存内容，所以，执行一个本地的 ping 命令后，ARP 缓存就会存在一个目的 IP 的记录了。当然，如果你的数据包是发送到不同网段的目的地，那么就一定存在一条网关的 IP-MAC 地址对应的记录。

知道了 ARP 协议的作用，就能够很清楚地知道，数据包的向外传输非常依靠 ARP 协议，当然，也就是依赖 ARP 缓存。要知道，ARP 协议的所有操作都是内核自动完成的，同其他的应用程序没有任何关系。同时需要注意的是，ARP 协议只使用于本网络。

二、arp 命令

arp 是一个重要的 TCP/IP 协议，并且用于确定对应 IP 地址的网卡物理地址。使用 arp 命令，能够查看本地计算机或另一台计算机的 arp 高速缓存中的当前内容。此外，使用 arp 命令，可以用人工方式输入静态的网卡物理/IP 地址，也可以对缺省网关和本地服务器等常用主机进行这项工作，有助于减少网络上的信息量。

显示和修改"地址解析协议（ARP）"缓存中的项目。ARP 缓存中包含一个或多个表，它们用于存储 IP 地址及其经过解析的以太网或令牌环物理地址。计算机上安装的每一个以太网或令牌环网络适配器都有自己单独的表。如果在没有参数的情况下使用，则 arp 命令将显示帮助信息。

arp 命令的一般格式为：

arp[-a [InetAddr] [-N IfaceAddr]] [-g [InetAddr] [-N IfaceAddr]] [-d InetAddr [IfaceAddr]] [-s InetAddr EtherAddr [IfaceAddr]]

其中参数说明如下：

1）-a[InetAddr] [-N IfaceAddr]，显示所有接口的当前 ARP 缓存表。要显示特定 IP 地址的 ARP 缓存项，就使用带有 InetAddr 参数的 arp -a，此处的 InetAddr 代表 IP 地址。如果未指定 InetAddr，则使用第一个适用的接口。要显示特定接口的 ARP 缓存表，就将 -N IfaceAddr 参数与 -a 参数一起使用，此处的 IfaceAddr 代表指派给该接口的 IP 地址。-N 参数区分大小写。

2）-g[InetAddr] [-N IfaceAddr]与 -a 相同。

3）-d InetAddr [IfaceAddr]删除指定的 IP 地址项，此处的 InetAddr 代表 IP 地址。对于指定的接口，要删除表中的某项，就使用 IfaceAddr 参数，此处的 IfaceAddr 代表指派给该接口的 IP 地址。要删除所有项，就使用星号（*）通配符代替 InetAddr。

4）-s InetAddr EtherAddr[IfaceAddr]向 ARP 缓存添加可将 IP 地址 InetAddr 解析成物理地址 EtherAddr 的静态项。要向指定接口的表中添加静态 ARP 缓存项，就使用 IfaceAddr 参数，此处的 IfaceAddr 代表指派给该接口的 IP 地址。

举例：

要显示所有接口的 ARP 缓存表，可键入：arp –a。

对于指派的 IP 地址为 10.0.0.99 的接口，要显示其 ARP 缓存表，可键入：

arp -a -N 10.0.0.99。

要添加将 IP 地址 10.0.0.80 解析成物理地址 00-AA-00-4F-2A-9C 的静态 ARP 缓存项，可键入：

arp -s 10.0.0.80 00-AA-00-4F-2A-9C。

任务六 网络命令 route 的使用

【任务描述】

当网络上拥有两个或多个路由器时，可能需要某些远程 IP 地址通过某个特定的路由器来传递信息，而其他的远程 IP 则通过另一个路由器来传递。大多数路由器使用专门的路由器协议来交换和动态更新路由器之间的路由表。但在有些情况下，必须人工将项目添加到路由器和主机上的路由表中。route 命令就是用来显示、人工添加和修改路由表项目的。下面将该命令的选项及相应功能。

【任务实施】

步骤 1：使用 route print 命令。它用于显示路由表中的当前项目，输出结果如图 3-6-1 所示。

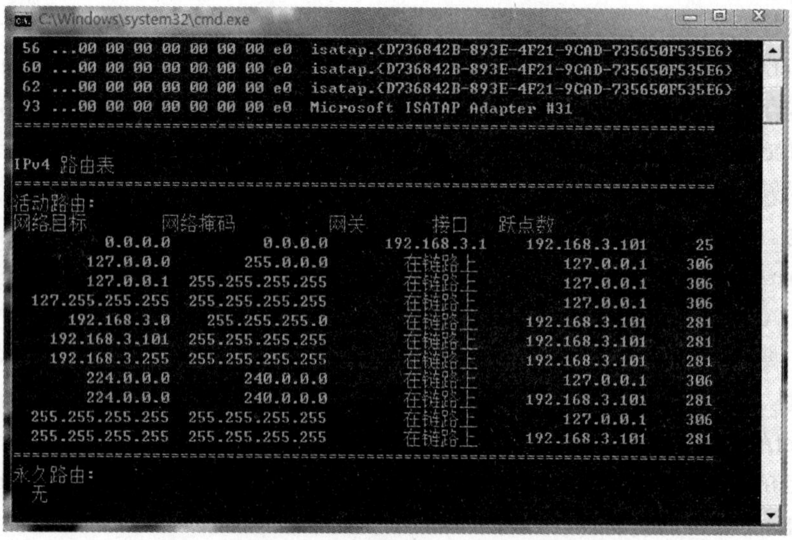

图 3-6-1 使用 route print 命令

步骤 2：使用 route add 命令，可以将路由器项目添加给路由表。例如，如果要设定一个到目的网络 202.115.2.235 的路由，期间要经过 5 个路由器网段，首先要经过本地网络上的一个路由器，IP 为 202.115.2.205，子网掩码为 255.255.255.0，则应该输入以下命令：

route add 202.115.2.235 mask 255.255.255.0 202.115.2.205 metric 5。

【理论知识】

大多数主机一般都是驻留在只连接一台路由器的网段上。由于只有一台路由器，因此不存在使用哪一台路由器将数据报发表到远程计算机上去的问题，该路由器的 IP 地址可作为该网段上所有计算机的缺省网关来输入。

但是，当网络上拥有两个或多个路由器时，就不一定只依赖缺省网关了。实际上，可能想让某些远程 IP 地址通过某个特定的路由器来传递，而其他的远程 IP 则通过另一个路由器来传递。

在这种情况下，就需要相应的路由信息，这些信息储存在路由表中，每个主机和每个路由器都配有自己独一无二的路由表。大多数路由器使用专门的路由协议来交换和动态更新路由器之间的路由表。但在某些情况下，必须人工将项目添加到路由器和主机上的路由表中。route 就是用来显示人工添加和修改路由表项目的。

route 命令的一般格式为：

route [-f] [-p] [Command [Destination] [mask subnetmask] [Gateway] [metric Metric]] [if Interface]]

参数说明：

1）-f 清除所有不是主路由（子网掩码为 255.255.255.255 的路由）、环回网络路由（目标为 127.0.0.0，子网掩码 255.255.255.0 的路由）或多播路由（目标为 224.0.0.0，子网掩码为 240.0.0.0 的路由）条目的路由表。如果它与命令之一（例如 Add、Change 或 Delete）结合使用，表就会在运行命令之前清除。

2）-p 与 Add 命令共同使用时，指定路由被添加到注册表并在启动 TCP/IP 协议的时候初始化 IP 路由表。默认情况下，启动 TCP/IP 协议时不会保存添加的路由，与 Print 命令一起使用时，则显示永久路由列表。所有其他的命令都忽略此参数。

3）Command 指定要运行的命令。

4）Destination 指定路由的网络目标地址。该目标地址可以是一个 IP 网络地址（其中网络地址的主机地址位设置为 0），对于主机路由是 IP 地址，对于默认路由是 0.0.0.0。

5）mask subnetmask 指定与网络目标地址相关联的网掩码（又称子网掩码）。子网掩码对于 IP 网络地址可以是一适当的子网掩码，对于主机路由是 255.255.255.255，对于默认路由是 0.0.0.0。如果忽略，则使用子网掩码 255.255.255.255。定义路由时由于目标地址和子网掩码之间的关系，决定目标地址不能比它对应的子网掩码更为详细。换句话说，如果子网掩码的一位是 0，则目标地址中的对应位就不能设置为 1。

6）Gateway 指定超过由网络目标和子网掩码定义的可达到的地址集的前一个或下一个跃点 IP 地址。对于本地连接的子网路由，网关地址是分配给连子网接口的 IP 地址。对于要经过一个或多个路由器才可用到的远程路由，网关地址是一个分配给相邻路由器的，可直接达到的 IP 地址。

7）metric Metric 为路由指定所需跃点数的整数值（范围是 1~9 999），它用来在路由表里的多个路由中选择与转发包中的目标地址最为匹配的路由。所选的路由具有最少的跃点数。跃点数能够反映跃点的数量、路径的速度、路径可靠性、路径吞吐量以及管理属性。

8）if Interface 指定目标可以到达的接口的接口索引。

任务七　常见网络故障和排除方法

【任务描述】

在遇到网络故障时，管理人员不能着急，而应该冷静下来，仔细分析故障原因，通常解决问题的顺序是："先软件后硬件"。在动手排除故障之前，最好先准备好笔和一个记事本，将故障现象认真仔细地记录下来（这样有助于积累经验和对日后同类故障的排除）。在观察和记录时一定要注意细节，排除大型网络的故障是这样，排除十几台计算机的小型网络故障也是这样，因为有时正是通过对一些细节的分析，才使整个问题变得明朗化。

【任务实施】

步骤1：识别网络故障

要识别网络故障，必须确切地知道网络上到底出了什么问题。知道出了什么问题并能够及时识别，才是成功排除故障的关键。为了与故障现象进行对比，管理员必须知道系统在正常情况下是怎样工作的。

识别故障现象时，应该向操作者询问以下几个问题。

当被记录的故障现象发生时，正在运行什么进程（即操作者正在对计算机进行什么操作）？这个进程以前运行过吗？以前这个进程的运行是否成功？这个进程最后一次成功运行是什么时候？从那时起，哪些发生了改变？

当网络出现故障时，网络管理员要亲自操作一下刚才出错的程序，并注意观察屏幕上的出错信息。在排除故障前，可以按图3-7-1所示的步骤进行分析。

作为网络管理员，应当考虑导致无法正常运行的原因可能有哪些，如网卡硬件故障、网络连接故障、网络设备（如集线器、交换机）故障、TCP/IP设置不当等。要注意的是，不要急于下结论，可以根据出错的可能性把这些原因按优先级别进行排序，然后再一个个地加以排除。

步骤2：处理网络故障

处理网络故障的方法多种多样，比较方便的有参考实例法、硬件替换法、错误测试法等。

1. 参考实例法

参考实例法是参考附近有类似连接的计算机或设备，然后对比这些设备的配置和连接情况，查找问题的根源，最后解决问题。其操作步骤如图3-7-2所示。

2. 硬件替换法

硬件替换法是用正常设备替换有故障的设备，如果测试正常，则表明被替换的设备有问题。要注意一次替换的设备不能太多，且精密设备不适合用这种方法。

3. 错误测试法

错误测试法指网络管理员凭经验对出现故障的设备进行测试，最后找到症结所在。

故障的原因虽然多种多样，但总的来讲就是硬件问题和软件问题，说得再确切一些，就是网络连接问题、配置文件选项问题及网络协议问题。

项目三 使用 Windows 的常用网络命令 65

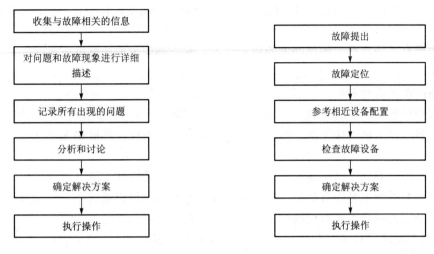

图 3-7-1 检查故障　　　　　　　　图 3-7-2 参考实例法检测故障

任务八　连通性故障及排除方法

【任务描述】

网络连接性是故障发生后首先应当考虑的原因。连通性的问题通常涉及网卡、跳线、信息插座、网线、集线器、调制解调器等设备和通信介质。其中，任何一个设备的损坏都会导致网络连接的中断。

【任务实施】

步骤 1：当出现一种网络应用故障时，首先查看能否登录比较简单的网页，如百度搜索界面：www.baidu.com。查看周围计算机是否有同样问题，如果没有，则主要问题在本机。

步骤 2：使用 ping 命令测试本机是否连通，单击"开始"→"运行"选项，在弹出的"运行"对话框中输入本机的 IP 地址，如图 3-8-1 所示，查看是否能 ping 通，若 ping 通则说明并非连通性故障。

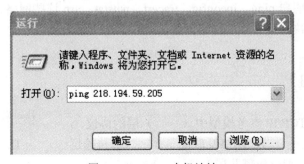

图 3-8-1　ping 本机地址

步骤 3：通过 LED 灯判断网卡的故障。首先查看网卡的指示灯是否正常，正常情况下，在不传送数据时，网卡的指示灯闪烁较慢，传送数据时，闪烁较快。无论是不亮，还是常亮不灭，都表明有故障存在。如果网卡的指示灯不正常，则需关掉计算机更换网卡。

步骤 4：查看网卡驱动程序是否存在问题，若存在问题，则需要重新安装。

步骤 5：在确认网卡和协议都正确的情况下，网络还是不通，可初步断定是 Hub（或交换机）和双绞线的问题。为了进一步进行确认，可再换一台计算机用同样的方法进行判断。如果其他计算机与本机连接正常，则故障一定是在先前的那台计算机和 Hub（或交换机）的接口上。

步骤 6：如果 Hub（或交换机）没有问题，则检查计算机到 Hub（或交换机）的那一段双绞线和所安装的网卡是否有故障。判断双绞线是否有问题可以通过"双绞线测试仪"或用两块万用表分别由两个人在双绞线的两端测试。主要测试双绞线的 1、2 和 3、6 共 4 线（其中 1、2 线用于发送，3、6 线用于接收），如果发现有一根不通就要重新制作。

通过上面的故障分析，就可以判断故障出在网卡、双绞线或 Hub 上。

【理论知识】
一、故障表现
1）计算机无法登录到服务器。计算机无法通过局域网接入 Internet。

2）在【网上邻居】中只能看到本地计算机，而看不到其他计算机，从而无法使用其他计算机上的共享资源和共享打印机。

3）计算机在网络内无法访问其他计算机上的资源。网络中的部分计算机运行速度异常缓慢。

二、故障原因
1）网卡未安装，或未安装正确，或与其他设备有冲突。

2）网卡硬件故障。

3）网络协议未安装，或设置不正确。

4）网线、跳线或信息插座故障。

5）集线器或交换机电源未打开，集线器或交换机硬件故障。

【项目小结】
这个项目要求能明白 ping、ipconfig、tracert、netstat、arp 这些网络命令的功能，并学会合理使用相关命令解决一些实际的网络问题。

【思考与练习】
一、选择题
1）ARP 协议是 TCP/IP 参考模型中（   ）层的协议。

A. 网络接口层　　　B. 网络互联层　　　C. 传输层　　　D. 应用层

2）TCP/IP 参考模型分成哪几层？（   ）

A. 物理层、网络接口层、会话层
B. 链路层、传输层、网络互联层、应用层
C. 网络接口层、传输层、网络互联层、应用层
D. 网络接口层、链路层、物理层、应用层

3）因特网使用的互联协议是（　　）
A. IPX 协议　　　　　　　　　　　B. IP 协议
C. AppleTalk 协议　　　　　　　　D. NetBEUI 协议

4）在 TCP/IP 层次中，定义数据传输设备和传输媒体或网络间接口的是（　　）
A. 物理层　　B. 网络接入层　　C. 运输层　　D. 应用层

5）使用命令 ping www.baidu.com，出现"Reply from 202.96.128.68：bytes=32 time=41 ms TTL=245"，表示的含义为（　　）
A. 网络连通状况不佳　　　　　　B. 网络畅通
C. 网络不通　　　　　　　　　　D. 命令出错

6）如果想了解数据包到达目的主机所经过的路径、显示数据包经过的中继节点清单和到达时间，可选用以下哪个命令？（　　）
A. ping 命令　　　　　　　　　　B. ipconfig 命令
C. netsh 命令　　　　　　　　　　D. Tracert 命令

7）如果想知道网络适配器的物理地址，可用以下哪个命令？（　　）
A. ping 命令　　　　　　　　　　B. ipconfig 命令
C. netsh 命令　　　　　　　　　　D. Tracert 命令

8）ARP 协议的主要功能是（　　）
A. 将 MAC 地址解析为 IP 地址　　B. 将 IP 地址解析为物理地址
C. 将主机域名解析为 IP 地址　　　D. 将 IP 地址解析为主机域名

9）IP 协议的核心问题是（　　）
A. 传输　　B. 寻径　　C. 封装　　D. 分组

10）计算机拨号上网后，该计算机（　　）
A. 可以拥有多个 IP 地址　　　　　B. 拥有一个固定的 IP 地址
C. 拥有一个动态的 IP 地址　　　　D. 没有自己的 IP 地址

二、问答题

1）简述 ARP 协议的工作原理。
2）简述如何使用 ping 命令来判断网络的连通性。
3）简述常用的网络命令有哪些？各自的功能是什么？

项目四 构建双机互联的网络

> 小王家里原来有一台计算机，最近又购置了一台笔记本电脑。经过一段时间的使用，他感到越来越不方便，因为文件分别存放在两台计算机上，要用时就必须用移动设备进行拷贝，真是很麻烦。小王迫切希望这两台机器既可以方便地传输文件，也可以进行资源共享，比如说，共享打印机。
>
> 能否通过网络互联技术帮他把分散的计算机连接起来，以解决这个问题呢？

【项目描述】

1）正确安装好两台计算机的网卡和网卡驱动程序；
2）学会制作交叉线和直连线，用交叉线来连接两台计算机；
3）对网络进行正确设置，真正组建好一个双机互连的网络。

【项目需求】

1）两台安装好操作系统的计算机（以下以 XP 操作系统为例）；
2）两块网卡和相应的网卡驱动程序；
3）水晶头（RJ-45 头）若干个、五类双绞线若干米；
4）一把 RJ-45 压线钳和一个测线仪。

【相关知识点】

1）网卡的基础知识；
2）网线的相关知识，以及如何制作网线；
3）网络协议——TCP/IP 协议，以及一些相关参数设置。

【项目分析】

本项目要建立一个双机互连的网络。要使得双机互连，首先要给每台机器安装网卡；然后，在物理上把两台机器连接起来，也就是要制作网络连接介质双绞线，并把两个的水晶头分别插入两台计算机的网口中；最后，要使两台机器能真正逻辑相连，还必须对它们进行软件设置，也就是 TCP/IP 协议的设置。经过上述步骤的操作，两台计算机在物理上和逻辑上就都连通了，可以进行通信了。

任务一　网卡的安装

网卡的安装是双机互连的第一步,在安装之前应先对网卡的相关知识稍作了解。

【任务描述】
1)认识常见网卡,了解其分类及功能;
2)网卡的硬件安装;
3)网卡的驱动程序安装。

【理论知识】
下面介绍一下网卡的基础知识。

一、关于网卡的名称

网卡(Network Interface Card,NICN)又叫网络接口卡,也叫网络适配器。它是局域网中最基本的硬件之一,如图 4-1-1 所示。网卡主要用于服务器与网络的连接,是计算机和传输介质的接口。

图 4-1-1　网络适配器

◎ **知识链接**

一般插入引脚都是镀金或镀银的,所以又叫"金手指"。通常情况下,新产品引脚光亮,无摩擦痕迹。如果购买时发现有摩擦痕迹,则说明是以旧翻新的产品,就千万不要买。另外,如果网卡使用时间过长,可以将其拔下,用干净柔软的布轻擦,除去氧化物,以保证信号传输无干扰。

二、网卡功能简述

随着集成度地不断提高,网卡上的芯片个数不断减少,虽然现在各厂家生产的网卡种类繁多,但其功能大同小异。归纳后,网卡的主要功能有以下三个。

1)数据的封装与解封。发送时,将上一层交下来的数据加上首部和尾部,成为以太网的帧;接收时,将以太网的帧剥去首部和尾部,然后送交上一层。

2)链路管理,主要是 CSMA/CD 协议的实现。

3)编码与译码,即曼彻斯特编码与译码。

三、网卡的分类

根据网络技术的不同,网卡的分类也有所不同。

1. 按总线接口类型分类

按网卡的总线接口类型来分类,一般可分为 ISA 总线网卡、PCI 总线网卡、PCI-X 总线网卡、PCMCIA 总线网卡、USB 总线接口网卡。

2. 按网络接口划分类

按网络接口划分类,有 RJ-45 接口网卡、BNC 接口网卡、AUI 接口网卡、FDDI 接口网卡、ATM 接口网卡。

3. 按带宽划分类

随着网络技术的发展，网络带宽也在不断提高，但是不同带宽的网卡所应用的环境也有所不同，目前主流的网卡主要有 10 Mbps 网卡、100 Mbps 以太网卡、10 Mbps/100 Mbps 自适应网卡、1 000 Mbps 千兆以太网卡四种。

四、网卡地址

网卡地址也称 MAC 地址，由一组 12 位十六进制数组成。其中前 6 位代表网卡生产厂商，后 6 位由生产厂商自行分配。

◎ 注意

任何一块网卡，出厂时它的网卡地址都是唯一的。

如何进行查看网卡地址呢？
1）单击"开始"菜单→"运行"命令；
2）在弹出的"运行"对话框的文本框中输入：cmd 命令，如图 4-1-2 所示；

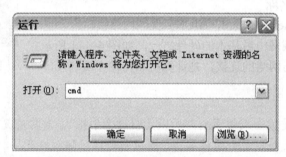

图 4-1-2 在"运行"对话框中输入 cmd 命令

3）然后，可以用 ipconfig/all 命令来检测网卡地址，如图 4-1-3 所示。

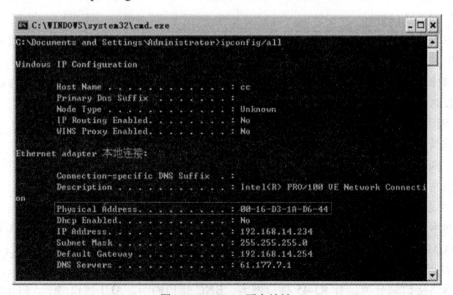

图 4-1-3 MAC 网卡地址

项目四 构建双机互联的网络

由图 4-1-3 可以观察到，本机的网卡地址是：00-16-D3-1A-D6-44。

五、无线网卡

无线网卡（如图 4-1-4 所示）是无线局域网的无线覆盖下，通过无线连接网络进行上网时使用的无线终端设备。具体地说无线网卡就是使计算机可以利用无线来上网的一个装置，但是有了无线网卡也还需要一个可以连接的无线网络，如果家里或者所在地有无线路由器或者无线 AP（Access Point 无线接入点）的覆盖，就可以通过无线网卡以无线的方式连接到无线网络上网。

图 4-1-4 edge 无线网卡

六、检验网卡安装的成功与否

如何检验网卡是否安装成功呢？下面，介绍两种常用的方法。

方法一：检查"网络适配器"是否安装成功。

1）右击桌面上的"我的电脑"图标，在弹出的快捷菜单中单击"属性"选项。在弹出的"系统属性"对话框中单击"硬件"选项卡，出现图 4-1-5 所示的页面。

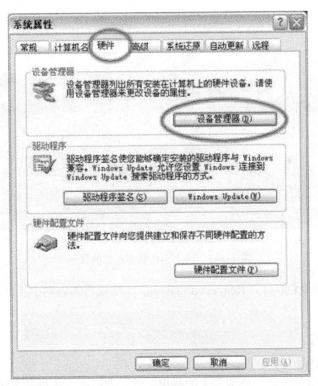

图 4-1-5 "系统属性"对话框

2）单击"设备管理器"按钮，弹出"设备管理器"窗口。双击"网络适配器"选项，在展开的"网络适配器"选项下可以看到已经增加了一项软件列表，如图 4-1-6 所示，说明安装成功。

方法二：用 Ping 命令来验证网卡工作状态是否正常。

具体方法：在"运行"对话框中输入"ping 127.0.0.1"，并按回车键。

图 4-1-6 "网络适配器"选项

正常结果：返回"Reply from 127.0.0.1：bytes=32 time<1ms TTL=128"，如图 4-1-7 所示。

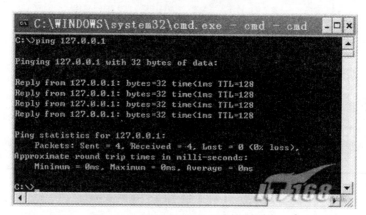

图 4-1-7 网卡工作状态正常的显示

错误结果：如果返回的是"Request timed out."，则说明本地网卡工作不正常，响应超时。

【任务实施】

一、安装网卡硬件

1）洗手或触摸金属装置，释放手上的静电，以防静电破坏主板和其他硬件，关闭计算机电源，打开机箱。

2）在主板上选择一个空闲的 PCI 插槽，取下对应的防尘片，并将网卡对准扩展槽，两手同时用力将其向下压入扩展槽中。

二、网卡驱动程序的安装

1）网卡安装完毕之后，重新启动计算机，会看到计算机自动监测到新硬件，弹出"硬件更新向导"对话框，选中"从列表或指定位置安装"单选按钮。

项目四 构建双机互联的网络

2）单击"从磁盘安装"按钮，在弹出的"从磁盘安装"对话框中，单击"浏览"按钮，选择网卡驱动程序所在的路径，来进行网卡驱动的安装。

三、网卡安装检测

装好网卡和网卡驱动程序后，是否就完成网卡的安装任务了呢？不一定，还要验证一下网卡工作是否正常，如果工作正常，则安装正确；否则，还要检查错误。

四、请填写下表确认安装

网卡安装确认信息见表 4-1-1。

表 4-1-1　网卡安装确认

网卡安装确认		
	是否安装成功	是否出现问题
安装网卡硬件	□	□
网卡驱动程序的安装	□	□

五、结论

若在安装过程中出现问题，请写出问题，并说说你是如何解决的。

任务二　双绞线的制作

想要把两台计算机物理连接，就要用到传输介质，这里选择双绞线作为传输介质。下面就来制作双绞线。

【任务描述】

1）认识双绞线以及各种制作双绞线的工具；
2）能够熟练地运用专用工具来制作交叉线和直连线。

【理论知识】

一、双绞线

1. 双绞线的分类

常见的双绞线有三类线、五类线（如图 4-2-1 所示）和超五类线，以及最新的六类线和七类线，前者线径细，而后者线径粗。

1）一类线：最早用于电话电缆，负责语音传输，它不同于数据传输。

2）二类线：传输频率为 1 MHz，用于语音传输和传输速率不超过 4 Mbps 的数据传输，常见于使用 4 Mbps 令牌规范的令牌网。

图 4-2-1　五类四对屏蔽双绞线

3）三类线：指目前在 ANSI 和 EIA/TIA568 标准中指定的电缆，该电缆的传输频率 16 MHz，用于语音传输及最高传输速率为 10 Mbps 的数据传输,主要用于 10BASE-T 以太网。

4)四类线:该类电缆的传输频率为 20 MHz,用于语音传输和最高传输速率 16 Mbps 的数据传输,主要用于基于令牌的局域网和 10BASE-T/100BASE-T 的以太网。

5)五类线:该类电缆增加了绕线密度,外套一种高质量的绝缘材料,传输率为 100 MHz,用于语音传输和最高传输速率为 100 Mbps 的数据传输,主要用于 100BASE-T 和 10BASE-T 的网络。这是最常用的以太网电缆。

6)超五类线:超 5 类具有衰减小、串扰少,并且具有更高的衰减与串扰的比值和信噪比、更小的时延误差,性能得到很大提高。超 5 类线主要用于千兆位以太网(1 000 Mbps)。

7)六类线:该类电缆的传输频率为 1 MHz~250 MHz,六类布线系统在 200 MHz 时综合衰减串扰比应该有较大的余量,它提供超五类 2 倍的带宽。六类布线的传输性能远远高于超五类标准,最适用于传输速率高于 1 Gbps 的应用。

◎ 备注

六类与超五类的一个重要的不同点在于:改善了在串扰以及回波损耗方面的性能,对于新一代全双工的高速网络应用而言,优良的回波损耗性能是极其重要的。

此外,双绞线可分为非屏蔽双绞线(UTP)和屏蔽双绞线(STP)。屏蔽双绞线电缆的外层由铝铂包裹,以减小辐射,但并不能完全消除辐射,屏蔽双绞线价格相对较高,安装时要比非屏蔽双绞线电缆困难。

非屏蔽双绞线电缆具有以下优点:

1)无屏蔽外套,直径小,节省所占用的空间;
2)重量轻,易弯曲,易安装;
3)可以将串扰减至最小或加以消除;
4)具有阻燃性;
5)具有独立性和灵活性,适用于结构化综合布线。

二、双绞线的制作

1. 双绞线的线序

双绞线的制作主要遵循 EIA/TIA 标准,规范两种线序的标注分别为 EIA/TIA 568A 和 EIA/TIA 568B,目前通用的方法是 EIA/TIA 568B 标准。

1)EIA/TIA 568A 线序见表 4-2-10。

表 4-2-1 EIA/TIA 568A 线序

1	2	3	4	5	6	7	8
白绿	绿	白橙	蓝	白蓝	橙	白棕	棕

2)EIA/TIA 568B 线序见表 4-2-2。

表 4-2-2 EIA/TIA 568B 线序

1	2	3	4	5	6	7	8
白橙	橙	白绿	蓝	白蓝	绿	白棕	棕

2. 双绞线的连接标准

双绞线根据两端水晶头做法是否相同，分为直通线和交叉线。

1）直通线：又叫正线或标准线，两端采用统一都是 EIA/TIA 568A 或者 EIA/TIA 568B，并用 RJ-45 水晶头夹好。注意两端都是同样的线序且一一对应。

直通线应用最广泛，可在不同设备之间，比如路由器和交换机、PC 和交换机等。

2）交叉线：又叫反线，线序按照一端 EIA/TIA 568B，另一端 EIA/TIA 568A 的标准排列好线序，并用 RJ-45 水晶头夹好。

交叉线应用于相同设备之间，例如：双机互连。

◎ 小知识

交叉线一般用于相同设备的连接,比如路由和路由，计算机和计算机之间。现在的很多设备也支持直通线了,但建议还是使用交叉线。

三、双绞线的主要品牌

生产双绞线的知名厂商有安普（AMP）、康普（AVAYA）、西蒙、朗讯、丽特、TCL、清华同方等。

【任务实施】

一、剥线

1）准备好一条五类线、两个 RJ-45 水晶头（如图 4-2-2 所示）和一把专用的压线钳（如图 4-2-3 所示）。

2）用压线钳的剥线刀口将五类线的外保护套管划开，刀口距五类线的端头至少 2 cm。

3）将划开的外保护套管剥去，操作时可以一边旋转一边向外抽。

4）可以看到露出五类线电缆中的 4 对双绞线。

二、排序

1）EIA/TIA-568 标准规定了两种连接标准，即 EIA/TIA-568A 和 EIA/TIA-568B。制作交叉线，按照一端 EIA/TIA 568A，另一端 EIA/TIA 568B 的标准，将导线颜色按规定排好。

注意：若是制作直连线，则按照两端都是 EIA/TIA 568A，或者两端都是 EIA/TIA 568B 的标准，将导线颜色按规定排好。

2）将 8 根导线平坦、整齐地平行排列，导线间不留空隙。

3）准备用压线钳的剪线刀口将 8 根导线剪断。

4）剪断电缆线时，注意要剪得很整齐。剥开的导线长度不可太短（12 mm～15 mm），也可以先留得长一些。

注意：不要剥开每根导线的绝缘外层。

三、压线

1）将剪过的电缆线放入 RJ-45 插头（如图 4-2-2 所示），且要插到底，试试长短。电缆线的外保护层最后应能够在 RJ-45 插头内的凹陷处被压实。

2）将 RJ-45 插头放入压线钳（如图 4-2-3 所示）的压头槽内，准备最后的压实。双手紧握压线钳的手柄，用力压紧。

注意：这一步骤完成后，插头的8个针脚接触点就穿过导线的绝缘外层，分别和8根导线紧紧地压接在一起。

四、完成

以上操作，基本上完成了交叉线的制作。

五、测试

最后，要使用测线仪测试所做的双绞线的连通性。进行测试可以避免组网后由于网线不通而带来的麻烦。因此，使用前最好用测线仪（如图4-2-4所示）检测一下做好的网线，确认其是否可以通信。

测试时，将交叉线的两端分别插入信号发射器和信号接收器，打开电源，如果测线仪上的两排指示灯按对应的线序次序闪动，则表明所做的交叉线测试成功；如果有任何一个指示灯不亮或者闪动次序不一致，则表明交叉线制作失败。

图4-2-2　两个RJ-45水晶头

图4-2-3　压线钳

图4-2-4　测线仪

六、确认

填写下表4-2-3，确认制作完成。

表4-2-3　交叉线制作确认

	交叉线制作确认	
	是否制作成功	是否出现问题
交叉线制作	□	□

七、总结

若在交叉线制作过程中或者测试中出现问题，请写出问题，并说说你是如何解决的。

任务三　协议软件的设置

把制作好的交叉线的水晶头分别插入两台计算机的网卡接口中，把两台计算机物理连接起来。

但此时还不能真正地实现信息传输和资源共享，还要对网络协议进行设置。在本任务中，将对TCP/IP协议进行设置，使得两台计算机能真正连通。

项目四 构建双机互联的网络　　77

【任务描述】

1）了解常用的网络协议——TCP/IP 协议；
2）能够进行网络协议的添加；
3）设置 TCP/IP 协议的参数，使两台计算机能真正连通。

【理论知识】

Internet 是当今世界上规模最大、拥有用户最多、资源涉及面最广的通信网络，在 Internet 中除了有数不清的网络设备之外，各种设备还需要可以相互通信的规则——网络通信协议：TCP/IP 协议。

TCP/TP 协议已经成为当今网络的主流标准，其协议簇中有两个最重要的协议：TCP 协议和 IP 协议，其中 TCP 协议主要用来管理网络通信的质量，保证网络传输中不发生错误信息；而 IP 协议主要用来为网络传输提供通信地址，以保证准确找到接收数据的计算机。

1. IP 地址知识

IP 是英文 Internet Protocol 的缩写，意思是"网络之间互连的协议"，也就是为计算机网络相互连接进行通信而设计的协议。在因特网中，它是能使连接到网上的所有计算机网络实现相互通信的一套规则。任何厂家生产的计算机系统，只要遵守 IP 协议就可以与因特网互联互通。正是因为有了 IP 协议，因特网才得以迅速发展成为世界上最大的、开放的计算机通信网络。因此，IP 协议也可以叫做"因特网协议"。

在 Internet 上有成百上千万台主机（host），为了区分这些主机，人们给每台主机都分配了一个专门的"地址"作为标识，称为 IP 地址。在 Internet 上，每个网络和每台计算机都被分配唯一的一个 IP 地址，这个 IP 地址在整个网络（Internet）中是唯一的。由于有了这种地址的唯一性，才保证了用户在操作时，能够高效而且方便地从千千万万台计算机中选出自己所需的对象来。

2. IP 地址管理机构

所有的 IP 地址都由国际组织 NIC（Network Information Center）负责统一分配，目前全世界共有三个这样的网络信息中心。

1）InterNIC：负责美国及其他地区；
2）ENIC：负责欧洲地区；
3）APNIC：负责亚太地区。

我国申请 IP 地址则要通过 APNIC，而 APNIC 的总部设在日本东京大学。申请时要考虑申请哪一类的 IP 地址，然后向国内的代理机构提出。

3. IP 地址表示

IP 地址由 32 位二进制数组成，为了方便使用，一般把二进制数地址转变为人们更熟悉的十进制数地址，十进制数地址由 4 部分组成，每部分数字对应于一组 8 位二进制数，各部分之间用小数点分开，也称为点分十进制数。

用点分十进制数表示的某一台主机 IP 地址，可以书写为：192.168.4.225。由此可以看出，最小的 IPv4 地址值为 0.0.0.0，最大的地址值为 255.255.255.255。

◎ 小知识

全 0 和全 1 的 IP 地址，分别用来表示任意的、不固定的网络和全网广播地址。

为了便于大家理解 IP 的概念和作用，可以把 IP 地址和电话号码作类比。一个 IP 地址主要由两部分组成：一部分用于标识该地址从属的网络（类比于区号）；另一部分用于指明网络中某台设备的主机号（类似于电话号码）。

网络号由 Internet 管理机构分配，目的是保证网络地址的全球唯一性。主机地址由各个网络的管理员统一分配，这样通过网络地址的唯一性与网络内主机地址的唯一性，确保了 IP 地址的全球唯一性。

4. IP 地址的分类

最初设计互联网时，为了便于寻址以及层次化构造网络，每个 IP 地址包括两个标识码，即网络 ID 和主机 ID。同一个物理网络上的所有主机都使用同一个网络 ID，网络上的一个主机（包括网络上工作站、服务器和路由器等）有一个主机 ID 与其对应。IP 地址根据网络 ID 的不同分为 5 种类型，即 A 类地址、B 类地址、C 类地址、D 类地址和 E 类地址。

（1）A 类 IP 地址

一个 A 类 IP 地址由 1 字节的网络地址和 3 字节的主机地址组成，网络地址的最高位必须是"0"，地址范围从 1.0.0.1 到 126.255.255.254（二进制表示为：00000001 00000000 00000000 00000001 到 01111110 11111111 11111111 11111110）。可用的 A 类网络有 126 个，每个网络能容纳 1 600 多万个主机。

（2）B 类 IP 地址

一个 B 类 IP 地址由两个字节的网络地址和两个字节的主机地址组成，网络地址的最高位必须是"10"，地址范围从 128.1.0.1 到 191.254.255.254（二进制表示为：10000000 00000001 00000000 00000001 到 10111111 11111110 11111111 11111110）。可用的 B 类网络有 16 382 个，每个网络能容纳 6 万多个主机。

（3）C 类 IP 地址

一个 C 类 IP 地址由三个字节的网络地址和一个字节的主机地址组成，网络地址的最高位必须是"110"，地址范围从 192.0.1.1 到 223.255.254.254（二进制表示为：11000000 00000000 00000001 00000001 到 11011111 11111111 11111110 11111110）。C 类网络可达 209 万余个，每个网络能容纳 254 个主机。

（4）D 类 IP 地址

D 类 IP 地址的第一个字节以"1110"开始，它是一个专门保留的地址，地址范围从 224.0.0.1 到 239.255.255.254。它并不指向特定的网络，目前这一类地址被用在多点广播（Multicast）中。而多点广播地址用来一次寻址一组计算机，它标识共享同一协议的一组计算机。

（5）E 类 IP 地址

以"11110"开始，为将来使用保留。

全零（"0.0.0.0"）地址对应于当前主机。全"1"的 IP 地址（"255.255.255.255"）是当前子网的广播地址。

对于以上的五大类 IP 地址，可以为它们用一张划分示意图表示，如图 4-3-1 所示。

（6）特殊含义的地址

1）广播地址。TCP/IP 协议规定，主机部分各位全为 1 的 IP 地址用于广播。那么，什么

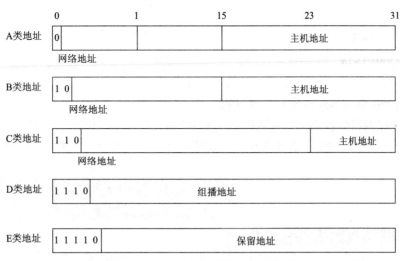

图 4-3-1　五大类 IP 地址划分示意图

是广播地址呢？所谓的广播地址是指同时向网上所有的主机发送报文的地址。如 136.78.255.255 就是 B 类地址中的一个广播地址，若将信息送到此地址，就是将信息送给网络地址为 136.78.0.0 的所有主机。

2）回送地址。A 类网络地址的第一段十进制数为 127，是一个保留地址，用于网络测试本地机进程间的通信，称为回送地址（Loopback Address）。一旦使用回送地址发送数据，协议软件就会立即返回信息，而不进行任何网络传输。网络地址为 127 的分组不能出现在任何网络上，而只能用于本地机进程间的测试通信。

3）网络地址。TCP/IP 协议规定，主机位全为"0"的网络地址被解释成"本"网络，如 192.168.1.0 的地址。

4）私有地址（Private address）属于非注册地址，为组织机构内部专用。

以下列出了留用的内部私有地址：

A 类　　10.0.0.0～10.255.255.255

B 类　　172.16.0.0～172.31.255.255

C 类　　192.168.0.0～192.168.255.255

5. 子网掩码

互联网是由许多小型网络构成的，每个网络上都有许多主机，这样便构成了一个有层次的结构。IP 地址在设计时就考虑到地址分配的层次特点，将每个 IP 地址都分割成网络号和主机号两部分，以便于 IP 地址的寻址操作。

在 IP 地址中，计算机是通过子网掩码来决定 IP 地址中的网络号和主机号的。地址规划组织委员会规定，用"1"代表网络部分，用"0"代表主机部分。

子网掩码是一个 32 位地址，用于屏蔽 IP 地址的一部分以区别网络标识和主机标识，并说明该 IP 地址是在局域网上，还是在远程网上。

◎ 备注

　　A 类地址的默认子网掩码为 255.0.0.0；B 类地址的默认子网掩码为 255.255.0.0；C 类地址的默认子网掩码为：255.255.255.0。

【任务实施】

一、添加网络协议

1）单击"网上邻居"→"属性"→"本地连接"→"属性"→"安装"命令,弹出图4-3-2所示的"选择网络组件类型"对话框。

2）在"选择网络组件类型"对话框中,选择"协议"选项,单击"添加"按钮,弹出"选择网络协议"对话框,如图4-3-3所示。将安装光盘插入光驱中,单击"从磁盘安装"按钮,进行安装。

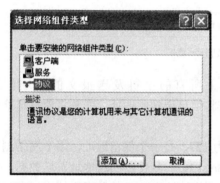

图4-3-2 "选择网络组件类型"对话框

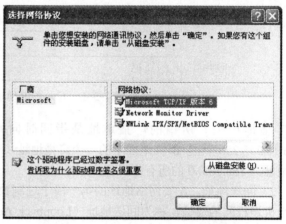

图4-3-3 "选择网络协议"对话框

二、设置计算机名和工作组名

1）右击桌面上的"我的电脑"图标,在弹出的快捷菜单中单击"属性"选项。

2）弹出"系统属性"对话框,在其中输入计算机名和工作组名,如图4-3-4所示。

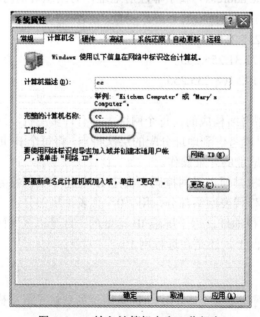

图4-3-4 输入计算机名和工作组名

◎ 备注

两台机器的计算机名应该用不同的名字来标识，而它们的工作组名则必须是相同的，否则联机后双方将无法寻找对方。如果两台计算机的工作组名不相同，则单击"更改"按钮进行修改（如图 4-3-5 所示），修改完成之后，须重启计算机。

三、软件设置

对每台计算机进行协议软件设置，以 Windows XP 操作系统为例。

1）右击"网上邻居"图标，在弹出的快捷菜单中单击"属性"选项（如图 4-3-5 所示），弹出"网络连接"窗口。

2）右击"本地连接"图标，在弹出的快捷菜单中单击"属性"选项，如图 4-3-6 所示。

图 4-3-5 "网上邻居"快捷菜单中的"属性"选项　　图 4-3-6 "本地连接"快捷菜单中的"属性"选项

3）单击"本地连接属性"对话框中的"常规"选项卡，在项目列表中选中"Internet 协议（TCP/IP）"复选框（如图 4-3-7 所示）。

4）再单击"属性"按钮，设置 TCP/IP 协议属性，为两台计算机分别配置 IP 地址，具体配置的数据如图 4-3-8 和图 4-3-9 所示。

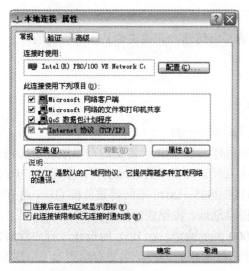
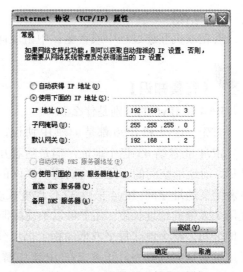

图 4-3-7 "Internet 协议（TCP/IP）"复选框　　图 4-3-8 配置 PC1 的 IP 地址

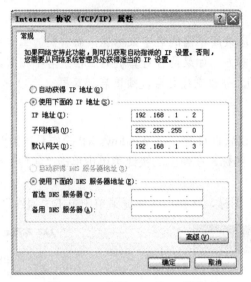

图 4-3-9　配置 PC2 的 IP 地址

四、检测连通性

用 ping 命令来检测网络是否连通，刚才设置 PC1 的 IP 为 192.168.1.3，现在在 PC2 上单击"开始"→"运行"命令，在文本框中输入 ping 192.168.1.3，查看远程主机的连通状态。

五、确认

请填写下表 4-3-1，确认双机互连完成。

表 4-3-1　完 成 确 认

	完成确认	
	双机互连是否成功	是否出现问题
双机互连完成	☐	☐

六、结论

若在双机互连过程中或者测试中出现问题，请写出问题，并说说你是如何解决的。

【背景知识】

IPv4 和 IPv6 的区别是什么？

首先，IPv4 和 IPv6 都是一种 IP 协议，只不过版本不一样。

IPv4 能容纳 43 亿个地址，但是随着互联网的迅速发展，IPv4 定义的有限地址空间将被耗尽，而地址空间的不足必将妨碍互联网的进一步发展。为了扩大地址空间，拟通过 IPv6 来重新定义地址空间。IPv4 采用 32 位地址长度，估计在 2005—2010 年间将被分配完毕，而 IPv6 采用 128 位的地址长度，几乎可以不受限制地来提供地址。按保守方法估算 IPv6 实际可分配的地址知，整个地球每平方米面积上仍可分配 1 000 多个地址。在 IPv6 的设计过程中除解决了地址短缺问题以外，还考虑在 IPv4 中解决其他一些不好的问题，主要有端到端 IP 连接、服务质量（QoS）、安全性、多播、移动性、即插即用等。

与 IPv4 相比，IPv6 主要有如下一些优势。

第一，明显地扩大了地址空间。IPv6 采用 128 位地址长度，几乎可以不受限制地提供 IP 地址，从而保证了端到端连接的可能性。

第二，提高了网络的整体吞吐量。由于 IPv6 的数据包可以远远超过 64 KB，因此应用程序可以利用最大传输单元（MTU）来获得更快、更可靠的数据传输，同时在设计上改进了选路结构，采用简化的报头定长结构和更合理的分段方法，使路由器加快数据包处理速度，提高转发效率，从而提高网络的整体吞吐量。

第三，使得整个服务质量得到很大改善。报头中的业务级别和流标记通过路由器的配置可以实现优先级控制和 QoS 保障，从而极大改善了 IPv6 的服务质量。

第四，安全性有了更好的保证。采用 IPSec 可以为上层协议和应用提供有效地端到端安全保证，能提高在路由器水平上的安全性。

第五，支持即插即用和移动性。设备接入网络时通过自动配置可自动获取 IP 地址和必要的参数，实现即插即用，简化了网络管理，易于支持移动节点。而且 IPv6 不仅从 IPv4 中借鉴了许多概念和术语，它还定义了许多移动 IPv6 所需的新功能。

第六，更好地实现了多播功能。在 IPv6 的多播功能中增加了"范围"和"标志"，限定了路由范围和可以区分永久性与临时性的地址，更有利于多播功能的实现。

目前，随着互联网的飞速发展和互联网用户对服务水平要求的不断提高，IPv6 在全球将会越来越受到重视。

【知识拓展】

1. 查询 IP 地址

（1）查询/设置本机的 IP 地址

在"运行"对话框中输入命令"ipconfig /all"，可以查询本机的 IP 地址，以及子网掩码、网关、物理地址（Mac 地址）、DNS 等详细情况。

设置本机的 IP 地址可以通过右击"网上邻居"在弹出的快捷菜单中，单击"属性"选项，在弹出的"网络连接"窗口中，双击"本地连接"图标，在弹出的"本地连接"状态窗口中，选择常规选项卡，单击下面的"属性"按钮，在弹出的"本地连接属性"对话框中，选中"此连接使用下列项目:"下的"Internet"协议（TCP/IP）复选框。"TCP/IP 设置"在弹出的"Internet 协议（TCP/IP）属性对话框中，选中"使用下面的 IP 地址"单选按钮，在"IP 地址（I）"右侧的文本框中，填入本机 IP 地址即可。

（2）查看互联网中已知域名主机的 IP 地址

可以使用 Windows 自带的网络小工具 Ping.exe。如想知道 www.sohu.com 的 IP 地址，只要在 DOS 窗口下键入命令"ping www.sohu.com"，就可以了。

当然也可以用工具来查，比如说，网络刺客 II。网络刺客 II 是天行出品的专门为安全人士设计的中文网络安全检测软件。运行网络刺客 II，进入主界面，单击"工具箱"菜单下的"IP<->主机名"选项，弹出一个对话框，在"输入 IP 或域名"下面的文本框中写入对方的域名，然后单击"转换成 IP"按钮，对方的 IP 就显示出来了。

（3）通过防火墙查 IP

由于 QQ 使用的是 UDP 协议来传送信息的，而 UDP 是面向无连接的协议，QQ 为了保证信息到达对方,需要对方发一个认证,告诉本机,对方已经收到消息,防火墙(例如天网)则带有 UDP 监听的功能,因此就可以利用这个认证来查看 IP。

现在,举一个实际的例子来看看如何用天网查 IP。

第一步:打开天网防火墙的 UDP 监听;

第二步:向对方发送一个消息;

第三步:查看自己所用的 QQ 服务器地址;

第四步:排除 QQ 服务器地址,判断出对方的 IP 地址。

2. 如何实现文件共享

既然已经实现了双机互连,那么就可以在 PC1 上设置共享文件,与 PC2 共享。

第一步:在 PC1 设置共享文件

1)选择一个需要在网络上共享的文件夹(以"电影"文件夹为例),然后右击,在弹出的快捷菜单中单击"共享和安全"命令,如图 4-3-10 所示。

2)在弹出的文件"属性"对话框中的"共享"选项卡中选中"在网络上共享这个文件夹"的复选框,如图 4-3-11 所示,填入共享文件夹名"电影"(可自拟),即可在网络上实现该文件夹的共享,可以发现共享文件夹和普通文件夹的图标有所不同,如图 4-3-12 所示。

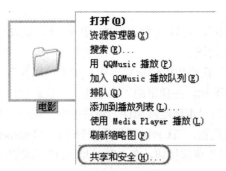

图 4-3-10 单击"共享和安全"命令

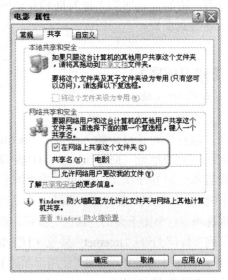

图 4-3-11 "共享"选项卡

第二步:用 PC2 来共享文件

1)双击"网上邻居"图标,在弹出的"网上邻居"窗口的左侧,单击"查看工作组计算机"命令,在弹出的窗口中选择"WORKGROUP"工作组中的 PC1,双击并打开它。

2)可以看到刚才在 PC1 上共享的文件夹,在此处也可以打开,说明可对里面的内容进行共享。

图 4-3-12 共享的"电影"文件夹

【项目小结】

1）网卡（Network Interface Card，NICN）又叫网络接口卡，也叫网络适配器。

2）常见的双绞线有三类线，五类线和超五类线，以及最新的六类线，前者线径细而后者线径粗。其中，五类线增加了绕线密度，外套一种高质量的绝缘材料，传输率为 100 MHz，用于语音传输和最高传输速率为 100 Mbps 的数据传输，主要用于 100BASE-T 和 10BASE-T 的网络。这是最常用的以太网电缆。

3）双绞线可分为非屏蔽双绞线（UTP）和屏蔽双绞线（STP）。

4）TCP/TP 协议已经成为当今网络的主流标准，TCP/IP 协议簇中有两个最重要的协议：TCP 协议和 IP 协议，其中 TCP 协议主要用来管理网络通信的质量，保证网络传输中不发生错误信息；而 IP 协议主要用来为网络传输提供通信地址，保证准确找到接收数据的计算机。

5）IP 地址主要由两部分组成：一部分用于标识该地址从属的网络；另一部分用于指明网络中某台设备的主机号。

6）IP 地址根据网络 ID 的不同分为 5 种类型，即 A 类地址、B 类地址、C 类地址、D 类地址和 E 类地址。

7）在 IP 地址中，计算机是通过子网掩码来决定 IP 地址中的网络号和主机号的。地址规划组织委员会规定，用"1"代表网络部分，用"0"代表主机部分。

本项目主要介绍简单网络组建的基础知识，通过本项目的实践，应该对计算机网络这一概念又有了进一步的理解。双机互连在生活中的应用十分广泛，非常适合家庭和小型办公室。它不需要太多的人力物力，连接起来也很容易。通过安装网卡、制作网络传输介质——双绞线，以及设置 TCP/IP 协议，这一系列的任务操作，把两台计算机直接连起来，形成了最简单的双机互联网络。

【独立实践】

项目描述：

任务单见表 4-3-2。

表 4-3-2 任 务 单

1	网卡的安装
2	交叉线的制作
3	协议软件的设置

任务一：网卡的安装

用正确的方法安装好网卡和其驱动软件，且使其能正常使用。

任务二：双绞线的制作

认识双绞线以及各种制作双绞线的工具；能够熟练地运用专用工具来制作交叉线和直连线，且用测试仪检查是否制作成功。

任务三：协议软件的设置

了解常用的网络协议——TCP/IP 协议；能够进行网络协议的添加；进而设置 TCP/IP 协议的参数，使两台计算机能真正连通。

【思考与练习】

一、填空题。

1）网卡又叫_____，也叫_____，是计算机和传输介质的接口。

2）网卡通常可以按_____、_____和_____方式分类。

3）双绞线是可分为_____和_____。相同的设备连接时用_____，不同的设备连接时用_____。

二、选择题。

1）用双绞线制作交叉线的时候，如果一端的标准是 EIA/TIA 568B，那么另一端的线序是（   ）。

　A. 白绿　绿　白橙　蓝　白蓝　橙　白棕　棕

　B. 白绿　绿　白橙　蓝　白蓝　白棕　棕　橙

　C. 棕　白棕　橙　白绿　绿　白橙　蓝　白蓝

　D. 白绿　绿　白橙　橙　白棕　棕　蓝　白蓝

2）在常用的传输介质中，带宽最宽，信号传输衰减最小，抗干扰能力最强的是（   ）。

　A. 双绞线　　B. 同轴电缆　　C. 光纤　　D. 微波

3）局域网的典型特征是（   ）。

　A. 数据传输速率高、范围大、误码率低

　B. 数据传输速率低、范围大、误码率高

　C. 数据传输速率高、范围小、误码率低

　D. 数据传输速率低、范围小、误码率低

4）屏蔽双绞线的最大传输距离是（   ）。

　A. 100 m　　　　B. 500 m　　　　C. 1 000 m　　　　D. 2 000 m

三、问答题。

1）什么是网卡？它的作用是什么？

2）直通线和交叉线的区别是什么？

3）请说说如何判断两台计算机是否真正连通？

四、能力拓展题。

1）根据"知识拓展"中的介绍，请你在 PC1 上共享一个文件夹，使得 PC2 亦能共享。

2）想一想，如何才能使已经建立了双机互连的 PC 共享一台打印机？

项目五　构建办公网络

日常的工作中，有大量的文案需要及时处理，相关信息需要及时上网查找和下载，此外，在管理工作中，也有许多复杂的工作流程需要安排，领导需要依据部门提供的信息，作出重要的决定……针对以上办公时出现的各种问题，若拥有一套智能化、信息化的办公网络系统，来实现资源共享，则对办公人员和决策者来说，其效率是显而易见的。

【项目描述】

为了实现资源的共享、网络的高效管理、工作信息的快速更新、网络速度的提高，可以使用各种网络设备来建构一个办公网络，使办公室内各台计算机相互通信，并实现上网功能。

对于这个项目应具体需要考虑以下几个方面：

1）需要多少台计算机连接 Internet？
2）需要哪些网络设备？
3）这些网络设备怎么相连？
4）企业网络将怎样连接到 Internet？

【项目需求】

实验设备：交换机 TP-LINK TL-SF1016（1台），路由器 D-Link DI-504（1台），PC（若干台），双绞线（若干根）。

【相关知识点】

1）常见的网络连接设备；
2）计算机网络的分类；
3）规划、设计网络。

【项目分析】

1）规划计算机网络；
2）设计计算机网络；
3）连接办公网络。

任务一　规划计算机网络

【任务描述】

规划计算机网络需要考虑需求分析和网络规划两个方面。

需求分析的目的是明确要组建什么样的网络。通俗地说，就是建成网络以后，可以让这个网络做什么，及网络会是什么样子。为了满足用户当前和将来的业务需求，网络规划人员要对用户的需求进行深入地调查研究。

规划人员应该从尽量降低成本、尽可能提高资源利用率等因素出发，本着先进性、安全性、可靠性、开放性、可扩充性和资源最大限度共享的原则，进行网络规划。规划的结果要以书面的形式提交给用户。

【任务实施】

步骤1：需求分析包括可行性分析、环境因素、功能和性能要求、成本/效益分析等。

1. 可行性分析

可行性分析的目的是确定用户的需求，网络规划人员应该与用户（具有决策权的用户）一起探讨，图5-1-1所示为可行性分析需注意的几个方面。

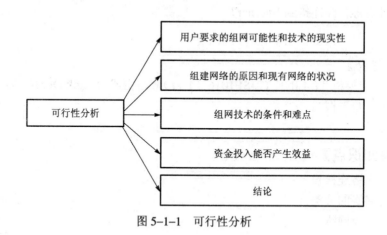

图5-1-1　可行性分析

2. 环境因素

环境因素指网络规划人员应该确定局域网日后的覆盖范围，环境因素需要分析的内容如图5-1-2所示。

3. 功能和性能需求分析

功能和性能需求分析是了解用户以后利用网络从事什么业务活动，以及业务活动的性质，从而得出结论来确定组建具有什么功能的局域网。功能和性能分析的内容如图5-1-3所示。

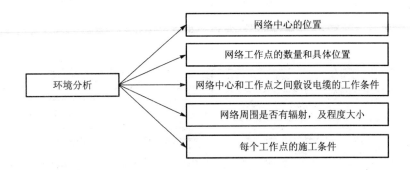

图 5-1-2 环境分析

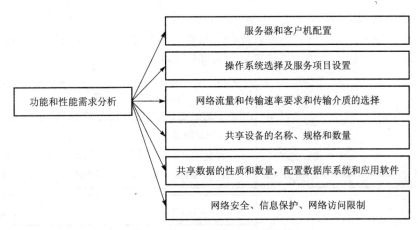

图 5-1-3 功能和性能需求分析

4. 成本/效益分析

组网之前一定要充分调查网络的效益问题，局域网的成本/效益分析如图 5-1-4 所示。

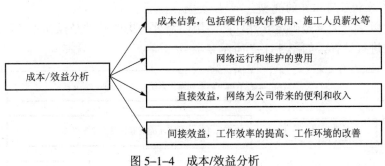

图 5-1-4 成本/效益分析

步骤 2：网络规划需要考虑场地、网络设备、操作系统、应用软件、网络管理、资金规划这些因素。

1. 场地规划

场地规划的目的是确定设备、网络线路的合适位置。场地规划考虑的因素包括图 5-1-5 所示的几个方面。

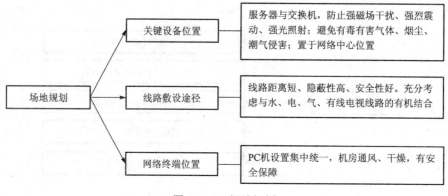

图 5-1-5　场地规划

2. 网络设备规划

网络组建需要的设备和材料很多，品种和规格相对复杂。设计人员应该根据需求分析来确定设备的品种、数量、规格。具体规划项目如图 5-1-6 所示。

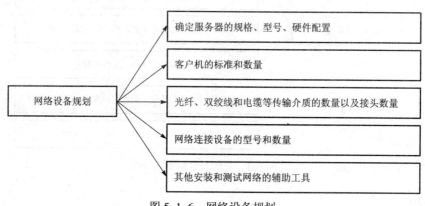

图 5-1-6　网络设备规划

3. 操作系统和应用软件的规划

硬件确定以后，关键是确定软件。网络组建需要考虑的软件是操作系统，网络操作系统可以根据需求进行选择，如图 5-1-7 所示。

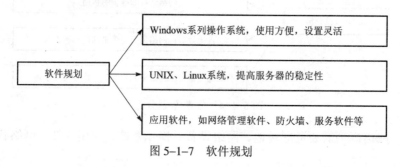

图 5-1-7　软件规划

4. 网络管理的规划

网络组建投入运行后，需要做大量的管理工作。为了方便用户进行管理，设计人员在规划时应该考虑管理的易操作性和通用性。管理需要考虑的因素如图 5-1-8 所示。

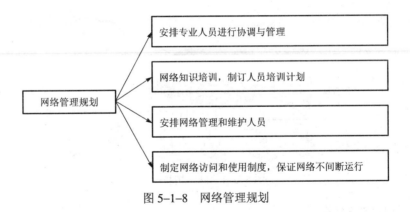

图 5-1-8 网络管理规划

5. 资金规划

如果网络项目是本公司的项目，则网络设计人员应该对资金需求进行有效预算，做到资金有保障，避免项目流产。资金方面需要规划的费用如图 5-1-9 所示。

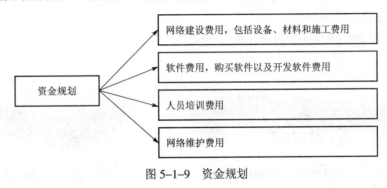

图 5-1-9 资金规划

任务二 设计计算机网络

【任务描述】

网络就是将一些传输设备连接在一起，在软件控制下，相互进行信息交换的计算机集合。网络设计是在对网络进行规划以后，开始着手网络组建的第 1 步，其成败与否关系到网络的功能和性能。网络设计的主要方面有网络硬件设备配置、网络拓扑结构设计和操作系统选择等几个方面。

【任务实施】

步骤 1：现实中使用较普遍的是星型结构。对于简单的网络，通常采用星型网络结构，或者总线-星型混合结构。了解网络的基本情况后，可以画出网络拓扑图，如图 5-2-1 所示。

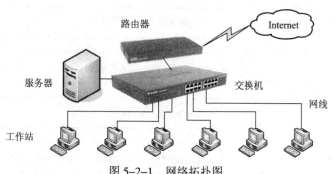

图 5-2-1　网络拓扑图

步骤2：选择网络设备。

简单的局域网络设备通常包括计算机、网卡、传输介质和交换设备（转发器、集线器和交换机），对于较复杂的计算机网络，通常需要路由器以及光纤等设备。

应根据网络拓扑图去采购网络设备。这里选购的是 TP-LINK TL-SF1016 交换机，有 16 个端口（如图 5-2-2 所示）。

还选购了 D-Link DI-504 路由器（如图 5-2-3 所示）。

图 5-2-2　TP-LINK TL-SF1016 交换机

图 5-2-3　D-Link DI-504 路由器

接下来，就需要连接这些网络设备了。

【理论知识】

一、选择常用网络设备时应注意的事项

1. 服务器

要求主板尺寸大，具有较多的 PCI 插槽和内存插槽，电源输出功率大，电压稳定，噪声小，主频和内存要符合性能需求。

2. 网卡

传输速率适合网络要求，一般为 10/100 Mbps 自适应网卡，总线类型要符合主板插槽类型，接口类型应与传输介质相对应。

3. 集线器

根据网络速度、连接计算机的数量选择产品类型。速率有 10 Mbps，100 Mbps 或 10/100 Mbps 自适应集线器，接口有 8 口、16 口或 24 口。

4. 交换机

性能优于集线器，但价格颇高，随着电子器件价格的降低，交换机将成为主流。

5. 传输介质

根据不同需求选择传输介质，局域网内一般选用五类或超五类非屏蔽双绞线，主干网络采用光纤。

二、计算机网络的分类

为了实现办公室计算机上网还需要了解网络的分类以及网络的工作原理等相关知识。

计算机网络的分类标准有很多，可以从覆盖范围、拓扑结构、交换方式、传输介质、通信方式等方面进行分类。

1. 根据网络的覆盖范围分类

根据网络的覆盖范围，计算机网络可以分为三种基本类型：局域网（Local Area Network，LAN）、城域网（Metropolitan Area Network，MAN）和广域网（Wide Area Network，WAN）。这种分类方法也是目前比较流行的一种方法。

2. 根据网络的交换方式分类

根据计算机网络的交换功能，可以将计算机网络分为电路交换网、报文交换网和分组交换网三种类型。

（1）电路交换网

电路交换方式是在用户开始通信前，先申请建立一条从发送端到接收端的物理信道，并且在双方通信期间始终占用该信道。

（2）报文交换网

报文交换方式是把要发送的数据及目的地址包含在一个完整的报文内，报文的长度不受限制。报文交换采用存储-转发原理，每个中间结点要为途经的报文选择适当的路径，使其能最终到达目的端。

（3）分组交换网

分组交换方式是在通信前，发送端先把要发送的数据划分为一个个等长的单位（即分组），这些分组逐个由各中间结点采用存储-转发方式进行传输，最终到达目的端。由于分组长度有限，因此可以比报文更加方便地在中间结点机的内存中进行存储处理，使其转发速度极大地提高。

3. 根据网络的传输介质分类

根据网络的传输介质，可以将计算机网络分为有线网、光纤网和无线网三种类型。

（1）有线网

有线网是采用同轴电缆或双绞线连接的计算机网络。用同轴电缆连接的网络成本低，安装较为便利，但传输率和抗干扰能力一般，且传输距离较短。用双绞线连接的网络价格便宜、安装方便，但其易受干扰，传输率也比较低，且传输距离比同轴电缆要短。

（2）光纤网

光纤网也是有线网的一种，但由于它的特殊性而单独列出。光纤网是采用光导纤维作为传输介质的，且光纤传输距离长，传输率高；抗干扰性强，不会受到电子监听设备的监听，是高安全性网络的理想选择。但其成本较高，且需要高水平的安装技术。

（3）无线网

无线网是用电磁波作为载体来传输数据的，目前无线网联网费用较高，还不太普及。但由于联网方式灵活方便，因此是一种很有前途的联网方式。

4. 其他网络分类方法

1）按带宽和传输能力，可将网络划分为基带网和宽带网。
2）按网络的使用性质，可将网络划分为公用网和专用网。
3）按网络工作模式，可将网络划分为客户/服务器网和对等网。

三、局域网简介

1. 以太网

以太网（Ethernet）是当今现有的局域网最通用的通信协议标准，以太网协议是一组 IEEE802.3 标准定义的局域网协议集。以太网采用带有碰撞检测的载波侦听多路访问（CSMA/CD）机制。

CSMA/CD 是一种分布式介质访问控制协议，网中的各个站（结点）都能独立地决定数据帧的发送与接收。每个站在发送数据帧之前，首先要进行载波监听，只有介质空闲时，才允许发送帧。这时，如果两个以上的站同时监听到介质空闲并发送帧，则会产生冲突现象，从而使发送的帧都成为无效帧，发送随即宣告失败。每个站必须有能力随时检测冲突是否发生，一旦发生冲突，则应停止发送，以免介质带宽因传送无效帧而被白白浪费，然后随机延时一段时间后，再重新争用介质，重新发送帧。CSMA/CD 协议简单、可靠，其网络系统（如 Ethernet）被广泛使用。

控制过程包含四个处理内容：侦听、发送、检测、冲突处理。

（1）侦听

通过专门的检测机构，在站点准备发送前先侦听一下总线上是否有数据正在传送（线路是否忙）？

若"忙"，则进入后续的"退避"处理程序，进而进一步反复进行侦听工作。

若"闲"，则决定发送数据。

（2）发送

当确定要发送后，则通过发送机构，向总线发送数据。

（3）检测

数据发送后，也可能发生数据碰撞。因此，要对数据边发送，应边侦听，以判断是否冲突。

（4）冲突处理

当确认发生冲突后，进入冲突处理程序。下面介绍两种冲突情况。

1）若在侦听中发现线路忙，则等待一个延时后再次侦听，若仍然忙，则继续延迟等待，一直到可以发送为止。每次延时的时间不一致，应由退避算法确定延时值。

2）若发送过程中发现数据碰撞，则先发送阻塞信息，以强化冲突，再进行侦听工作，以待下次重新发送（方法同 1））。

这种结构具有费用低、数据端用户入网灵活、站点或某个端用户失效不影响其他站点或端用户通信的优点。缺点是一次仅能一个端用户发送数据，其他端用户必须等待到获得发送权；媒体访问获取机制较复杂；维护难，分支结点故障查找难。尽管有上述一些缺点，但由于布线要求简单，扩充容易，端用户失效、增删不影响全网工作，所以是 LAN 技术中使用最普遍的一种。

2. 标准以太网

最初的以太网只有 10 Mbps 的吞吐量，使用的是 CSMA/CD（带有碰撞检测的载波侦听多路访问）的访问控制方法，这种早期的 10 Mbps 以太网称之为标准以太网。以太网主要有两种传输介质，那就是双绞线和同轴电缆。所有的以太网都遵循 IEEE 802.3 标准，下面列出的是 IEEE 802.3 的一些以太网络标准，在这些标准中前面的数字表示传输速度，单位是"Mbps"，最后的一个数字表示单段网线长度（基准单位是 100 m），Base 表示"基带"的意思，Broad 代表"带宽"。

1）10Base－5：使用粗同轴电缆，最大网段长度为 500 m，基带传输方法。
2）10Base－2：使用细同轴电缆，最大网段长度为 185 m，基带传输方法。
3）10Base－T：使用双绞线电缆，最大网段长度为 100 m。
4）1Base－5：使用双绞线电缆，最大网段长度为 500 m，传输速度为 1 Mbps。
5）10Broad－36：使用同轴电缆，最大网段长度为 3 600 m，是一种宽带传输方式。
6）10Base－F：使用光纤传输介质，传输速率为 10 Mbps。

3. 快速以太网

随着网络的发展，传统标准的以太网技术已难以满足日益增长的网络数据流量速度的需求。Grand Junction 公司推出了世界上第一台快速以太网集线器 Fastch10/100 和网络接口卡 FastNIC100，快速以太网技术正式得以应用。1995 年 3 月，IEEE 宣布了 IEEE802.3u 100BASE－T 快速以太网标准（Fast Ethernet），快速以太网的时代就这样开始了。

快速以太网具有许多优点，最主要体现在快速以太网技术可以有效地保障用户在布线基础实施上的投资，它支持 3、4、5 类双绞线以及光纤的连接，能有效地利用现有的设施。100 Mbps 快速以太网标准又分为：100BASE－TX 、100BASE－FX、100BASE－T4 三个子类。

1）100BASE－TX：是一种使用 5 类数据级无屏蔽双绞线或屏蔽双绞线的快速以太网技术。它的最大网段长度为 100 m，支持全双工的数据传输。

2）100BASE－FX：是一种使用光缆的快速以太网技术，可使用单模和多模光纤。它支持全双工的数据传输。100BASE－FX 特别适合于有电气干扰的环境、较大距离连接，或高保密环境等情况。

3）100BASE－T4：是一种可使用 3、4、5 类无屏蔽双绞线或屏蔽双绞线的快速以太网技术。符合 EIA586 结构化布线标准，最大网段长度为 100 m。

4. 千兆以太网

千兆以太网技术作为最新的高速以太网技术，给用户带来了提高核心网络的有效解决方案，这种解决方案的最大优点是继承了传统以太技术价格便宜的优点。千兆技术仍然是以太技术，它采用了与 10 Mbps 以太网相同的帧格式、帧结构、网络协议、全/半双工工作方式、流控模式以及布线系统。由于该技术不改变传统以太网的桌面应用、操作系统，因此可与 10 Mbps 或 100 Mbps 的以太网时很好地配合工作。升级到千兆以太网时不必改变网络应用程序、网管部件和网络操作系统，就能够最大程度地投资保护。

5. 10 Gbps 以太网

现在 10 Gbps 的以太网标准已经由 IEEE 802.3 工作组于 2000 年正式制定，且 10 Gbps 以太网仍使用与以往 10 Mbps 和 1 000 Mbps 以太网相同的形式，它允许直接升级到高速网络。同样使用 IEEE 802.3 标准的帧格式、全双工业务和流量控制方式。

6. 虚拟局域网

虚拟局域网（VLAN）是在不改动网络物理连接的情况下，可以任意将工作站在工作组或子网之间移动，工作站组成逻辑工作组或虚拟子网，以提高信息系统的运作性能，均衡网络数据流量，合理利用硬件及信息资源。同时，利用虚拟网络技术，可减轻网络管理和维护工作的负担，降低网络维护费用。

企业在内部局域网划分 VLAN，主要是基于以下几个原因来考虑的。

（1）提高网络性能

当网络规模很大时，网上的广播信息会很多，就会使网络性能恶化，甚至形成广播风暴，引起网络堵塞。因此可以通过划分很多虚拟局域网来减少整个网络范围内广播包的传输，因为广播信息是不会跨过 VLAN 的，可以把广播限制在各个虚拟网的范围内，用术语讲就是缩小了广播域，提高了网络的传输效率，从而提高网络性能。

（2）增强网络安全性

因为各虚拟网之间不能直接进行通信，必须通过路由器来转发，这就为高级的安全控制提供了可能，增强了网络的安全性。在大规模的网络，比如说一个大公司，各个部门之间的数据是保密的，相互之间只能提供接口数据，而其他数据是保密的，这时可以通过划分虚拟局域网对不同部门进行隔离。

（3）集中化的管理控制

同一部门的人员分散在不同的物理地点，因业务需要，企业仍需要按部门进行管理。因此，可按部门划分 VLAN。这样既可以保证各部门之间数据的保密性，也能保证部门内部资源得到更方便地共享。

四、数据报和虚电路

从层次上说，广域网中的最高层就是网络层。网络层为接在网络上的主机所提供的服务可以有两大类，即无连接的网络服务和面向连接的网络服务。这两种服务的具体实现就是通常所说的数据报服务和虚电路服务。

1. 数据报服务

数据报服务是一种无连接的服务，发送方有数据可随时发送，而每个分组均携带有完整的目的地址，并能独立进行路由选择。

数据报服务的特点是：网络随时都可接受主机发送的分组（即数据报）。网络为每个分组独立地选择路由。网络只是尽最大努力将分组交付给目的主机，但网络对源主机没有任何承诺。网络不保证所传送的分组不丢失，也不保证按源主机发送分组的先后顺序以及在多长的时间内必须将分组交付给目的主机。如图 5-2-4 所示。

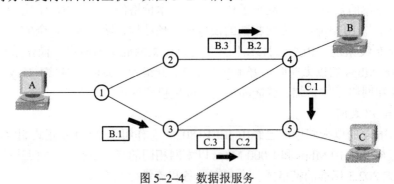

图 5-2-4 数据报服务

2. 虚电路服务

是网络层向网络层提供的一种面向连接的，使所有分组序列到达目的系统的可靠的数据传输服务。

为了进行数据的传输，需要在通信双方之间建立一条逻辑通路，因为这条逻辑电路不是专用的，所以应把这条逻辑通路称为"虚"电路。虚电路一旦建立，也就完成了通信双发的路由选择，就不必再为每个数据包分别选择传输路径了。由于在同一通信过程中所有数据包均沿同一路径传输，因此，各个包是按照顺序到达目标端的。当一次通信过程完成后，需要拆除虚电路。

虚电路服务的特点：虚电路服务与数据报服务的本质差别表现为是将顺序控制、差错控制和流量控制等通信功能交由通信子网完成，还是由端系统自己来完成。

虚电路服务向端系统提供了无差错的数据传送，但是，在端系统只要求快速的数据传送，而不在乎个别数据块丢失的情况下，虚电路服务所提供的差错控制也就不重要了。相反，有的端系统却要求很高的数据传送质量，虚电路服务所提供的差错控制还不能满足要求，端系统仍需要自己来进行更严格的差错控制，此时虚电路服务所做的工作又略嫌多余。不过，这种情况下，虚电路服务毕竟在一定程度上为端系统分担了一部分工作，为降低差错概率还是起了一定作用。如图 5-2-5 所示。

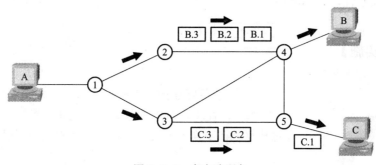

图 5-2-5 虚电路服务

3. 虚电路和数据报之间的特点比较

虚电路分组交换用于通信双方之间的数据交换，而数据包免去了呼叫建立过程，分组传输数量不多的情况下要比虚电路简单灵活。见表 5-2-1。

表 5-2-1 虚电路和数据报的主要特点比较

对比方面	数 据 报	虚 电 路
建立连接	不需要	需要
编址	对报文进行分组，每个分组都有源和目标端的完整地址	对报文进行分组，每个分组都有一个短的虚电路号
状态信息	不必存储状态信息	建立好的每条虚电路要求占用子网存储空间
路由选择	对每个分组独立进行，各个分组都可能会经过不同的路径到达目标端	建立虚电路的同时进行路由选择，所有分组沿同一路径顺序到达目标端

续表

对比方面	数据报	虚电路
当结点出故障时	除了因系统故障导致分组丢失外,没有其他影响	所有通过故障结点的虚电路均不能工作
拥塞控制	难以控制	如果有足够的缓冲区分配给建立好的每条虚电路,将很容易实现拥塞控制

任务三　实现计算机之间通信

首先需要连接交换机和各台计算机,来实现办公室中各个计算机之间的通信。

【任务描述】

1)学会使用交换机来连接各台计算机,搭建办公网络。
2)掌握交换机的工作原理,从而理解使用交换机组建网络的优点,以提高网络速度,方便管理,提高安全性,改善网络的性能。

【任务实施】

实施步骤有如下几步。

步骤1:准备好连接交换机和计算机设备的双绞线(直连线)。

步骤2:在工作台中摆放好交换机和计算机,注意交换机需要摆放平稳,交换机的接口方向需要正对自己,以方便随时拔插线缆。

步骤3:使交换机处于断电状态,把双绞线的一端插头插入计算机网卡接口,另一端插入交换机端口,插入时应注意按住双绞线接头上的卡片,听到清脆的"叭嗒"声音,再轻轻抽回若不松动则插入成功。将8台计算机分别连接到交换机的8个端口。如图5-3-2所示。

图5-3-1　双绞线

图5-3-2　TP-LINK TL-SF1016交换机的端口

项目五 构建办公网络

步骤 4：再将交换机的电源连接上，通过电源接口给所有的设备加电。在给交换机加电的过程中，会听到风扇启动声音，同时所有以太网接口处于红灯闪烁的状态，表明设备在自动检查接口状态，当设备处于稳定状态时，有线路连接的接口会处于绿灯点亮状态，表示该线路处于连通状态。看到交换机端口的指示灯亮了就可以了。这时计算机之间就可以通信了。如图 5-3-3 和图 5-3-4 所示。

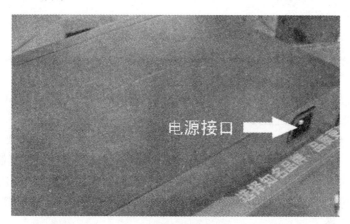

图 5-3-3　TP-LINK TL-SF1016 交换机的电源接口

图 5-3-4　TP-LINK TL-SF1016 交换机的端口指示灯

【理论知识】

在组建办公网络时，需要用到交换机、路由器等网络设备，下面就来了解一下它们的相关知识。

一、交换机

二层交换机工作于 OSI（开放系统互联参考模型）参考模型的数据链路层。交换机的主要功能有学习功能、转发/过滤功能、消除回路等。目前，交换机还具备了一些新的功能，如对 VLAN（虚拟局域网）的支持，对链路汇聚的支持，甚至有的还具有防火墙的功能，如图 5-3-5 所示。

图 5-3-5　交换机

学习功能：以太网交换机了解每一端口相连设备的 MAC 地址，并将地址同相应的端口映射起来存放在交换机缓存中的 MAC 地址表中。

转发/过滤功能：当一个数据帧的目的地址在 MAC 地址表中有映射时，它被转发到连接目的结点的端口而不是所有端口（如该数据帧为广播/组播帧则转发至所有端口）。

消除回路：当交换机包括一个冗余回路时，以太网交换机通过生成树协议避免回路的产生，同时允许存在后备路径。

1. 交换机的工作原理

交换机可以识别数据包中的 MAC 地址信息，根据 MAC 地址进行转发，并将这些 MAC 地址与对应的端口记录在自己内部的一个地址表中。

1）当交换机从某个端口收到一个数据包时，它先读取包头中的源 MAC 地址，这样就能知道源 MAC 地址的机器是连在哪个端口上的；

2）再去读取包头中的目的 MAC 地址，并在地址表中查找相应的端口；

3）若地址表中有与此目的 MAC 地址对应的端口，则把数据包直接复制到这端口上；

4）若地址表中找不到相应的端口则把数据包广播到所有端口上，当目的机器对源机器回应时，交换机又可以学习此目的 MAC 地址与哪个端口对应，在下次传送数据时就不再需要对所有端口进行广播了。

不断地循环这个过程，对于全网的 MAC 地址信息都可以学习到，这就是二层交换机建立和维护它自己的地址表的方法。

2. 网络交换机交换方式

交换机通过三种方式进行交换。

（1）直通式

直通式的以太网交换机可以理解为在各端口间是纵横交叉的线路矩阵电话交换机。它在输入端口检测到一个数据包时，检查该包的包头，并获取包的目的地址，启动内部的动态查找表转换成相应的输出端口，在输入与输出交叉处接通，并把数据包直通到相应的端口，以实现交换功能。由于不需要存储，因此延迟非常小、交换非常快，这是它的优点。它的缺点是，因为数据包内容并没有被以太网交换机保存下来，所以无法检查所传送的数据包是否有误，也就不能提供错误检测能力。由于没有缓存，不能将具有不同速率的输入/输出端口直接接通，而且容易丢包。

（2）存储转发

存储转发式是计算机网络领域应用最为广泛的方式。它把输入端口的数据包先存储起来，然后进行 CRC（循环冗余码校验）检查，在对错误包处理后才取出数据包的目的地址，通过查找表转换成输出端口送出包。正因如此，存储转发方式在数据处理时延时大，这也是它的不足，但是它可以对进入交换机的数据包进行错误检测，能有效地改善网络性能。尤其重要的是它可以支持不同速度的端口间的转换，以保持高速端口与低速端口间的协同工作。

（3）碎片隔离

这是介于前两者之间的一种解决方案。它检查数据包的长度是否够 64 个字节，如果小于 64 字节，说明是假包，则丢弃该包；如果大于 64 字节，则发送该包。这种方式也不提供数据校验。它的数据处理速度比存储转发方式快，但比直通式慢。

3. 交换机的分类

（1）从网络覆盖范围划分

1）广域网交换机。主要应用于电信城域网互联、互联网接入等领域的广域网中，提供通信用的基础平台。

2）局域网交换机，就是常见的交换机，也是学习的重点。局域网交换机应用于局域网络连接终端设备，如服务器、工作站、集线器、路由器、网络打印机等网络设备，以提供高速独立的通信通道。

（2）根据传输介质和传输速度划分

根据交换机使用的网络传输介质及传输速度的不同一般可以将局域网交换机分为以太网交换机、快速以太网交换机、千兆（G 位）以太网交换机、10 千兆（10 G 位）以太网交换机、FDDI 交换机、ATM 交换机和令牌环交换机等。

以太网交换机。首先要说明的一点是，这里所指的"以太网交换机"是指带宽在 100 Mbps 以下的以太网所用交换机。以太网交换机是最普遍和便宜的，它的档次比较齐全，应用领域也非常广泛，在大大小小的局域网都可以见到它们的踪影。以太网包括三种网络接口：RJ-45、BNC 和 AUI，所用的传输介质分别为：双绞线、细同轴电缆和粗同轴电缆。不要以为一讲以太网就都是 RJ-45 接口的，只不过双绞线类型的 RJ-45 接口在网络设备中非常普遍而已。当然现在的交换机通常不可能全是 BNC 或 AUI 接口的，因为目前采用同轴电缆作为传输介质的网络现在已经很少见了，而一般是在 RJ-45 接口的基础上为了兼顾同轴电缆介质的网络连接，才配上 BNC 或 AUI 接口的。

二、集线器

集线器（Hub）的主要功能是对接收到的信号进行再生整形放大，以扩大网络的传输距离，同时把所有结点集中在以它为中心的结点上。它工作于 OSI/RM（开放系统互联参考模型）参考模型第一层，即"物理层"。集线器与网卡、网线等传输介质一样，属于局域网中的基础设备，采用 CSMA/CD 访问方式，如图 5-3-6 所示。

图 5-3-6 集线器

1. 集线器的工作原理

在计算机网络中集线器的基本工作原理是广播（Broadcast）技术。在集线器传输过程中，无论从哪一个端口收到一个数据包时，都将此数据包广播到其他端口。当集线器将数据包以广播方式发出时，连接在集线器端口上的网卡将判断这个包是否是发送给自己的，如果是，则根据以太网数据包所要求的功能执行相应的动作，如果不是则丢掉这个数据包。集线器不具有寻址功能，所以它并不记忆每个端口所连接网卡的 MAC 地址。

2. 集线器分类

集线器是管理网络的最小单元,是局域网的星形连接点,也是局域网中应用最广泛的连接设备,按配置形式可分为独立式集线器、堆叠式集线器和模块化集线器三种。

(1) 独立式集线器

独立式集线器是单个盒子,并服务于一个计算机工作组的集线器,是与网络中的其他设备隔离的。它可以通过双绞线与计算机连接,组成局域网。最适合于较小的独立部门、家庭办公室或实验室环境。

独立式集线器并不遵循某种固定的设计。它提供的端口数目也是不固定的。例如,有 4 个端口、8 个端口、12 个端口和 24 个端口。另一方面,独立式集线器可以提供多达 200 个连接端口。使用这种带有这么多连接的单个集线器,其坏处就是很容易导致网络的单点失败。一般而言,大型网络都会采用多个集线器(或其他连接设备)。

(2) 堆叠式集线器

堆叠式集线器类似于独立式集线器。但从物理上来看,它们被设计成与其他集线器连在一起,并被置于一个单独的电信机柜里;从逻辑上来看,堆叠式集线器代表了一个大型集线器。使用堆叠式集线器有一个很大的好处,那就是网络或工作组不必只依赖一个单独的集线器,这样也就可以避免单点失败了。这种集线器可以堆叠起来的最大数目是不同的。举例来说,有些集线器制造商限制可堆叠的集线器的最大数目是 5 个,其他的集线器制造商则可堆叠多达 8 个集线器。

(3) 模块式集线器

模块式集线器通过底盘提供了大量可选的接口选项。这使得它使用起来比独立式集线器和堆叠式集线器更加方便灵活。和个人计算机一样,模块式集线器有主板和插槽,这样就可以插入不同的适配器。插入的适配器可以使这些模块式集线器与其他类型的集线器相连,或者与路由器、广域网相连,也可以与令牌环网或以太网的主干网相连。这些适配器也可以把这种模块式集线器连接到管理工作站或冗余设备上,如备用的电源。由于模块式集线器可以安装冗余部件,所以它在所有类型的集线器中,可靠性是最高的。使用模块式集线器的另一个好处是:它提供了扩展插槽来连接增加的网络设备。另外,它们还可以连接多种不同类型的设备。换句话说,根据网络需要,可以定制相应的模块式集线器。然而模块式集线器的价格也是最贵的一种。一个小型网络使用这种集线器就有些不必要了,而且模块式集线器差不多都是智能型的。

3. 交换机和集线器的区别

从 OSI 体系结构来看,集线器属于 OSI 参考模型的第一层物理层设备,而交换机属于 OSI 参考模型的第二层数据链路层设备。这就意味着集线器只是对数据的传输起到同步、放大和整形的作用,对数据传输中的短帧、碎片等无法有效处理,从而不能保证数据传输的完整性和正确性;而交换机不但可以对数据的传输做到同步、放大和整形,而且还可以过滤短帧、碎片等。

从工作方式来看,集线器是一种广播模式,也就是说,集线器的某个端口工作的时候其他所有端口都能收听到信息,容易产生广播风暴。当网络较大的时候,网络性能会受到很大的影响,那么用什么方法可避免这种现象的发生呢?交换机就能够起到这种作用,当交换机工作的时候,只有发出请求的端口和目的端口之间相互响应,而不影响其他端口,那么交换机就能够隔离冲突域和有效地抑制广播风暴的产生。

从带宽来看，集线器不管有多少个端口，所有端口都共享一条带宽，且在同一时刻只能有两个端口传送数据，其他端口只能等待；同时，集线器只能工作在半双工模式下。而对于交换机而言，每个端口都有一条独占的带宽，当两个端口工作时并不影响其他端口的工作，同时交换机不但可以工作在半双工模式下也可以工作在全双工模式下。

4. 使用集线器/交换机组建局域网

对于使用两台以上的计算机组建局域网，一般需要用到集线器（Hub）或交换机（Switch）等网络设备。如果组建的网络规模较小，计算机数量较少，只需一台集线器就可以满足网络连接的要求，可以采用单一集线器结构组网；如果网络中的计算机数量较多，一台集线器的端口数量不足于容纳所连接的计算机的数量，可以采用两台以上的集线器级联结构或堆叠式集线器结构组网。在实际应用中，人们常常将单一集线器结构、堆叠式集线器结构与多集线器级联结构结合起来，才能实现企业网络的组建。

用集线器组建的局域网特点是：组网成本低，施工、管理和维护简单。在网络结构上，把所有结点电缆集中在以集线器为中心的结点上。其连接方式基本上采用如图 5-3-7 所示的星形（Star）拓扑结构或类似图 5-3-8 所示的星型总线结构，集线器位于结点的中心。

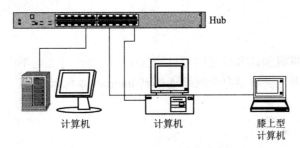

图 5-3-7　星形（Star）拓扑结构

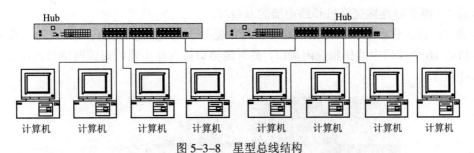

图 5-3-8　星型总线结构

以集线器为结点中心的优点是：当网络中某台条线路或某台计算机出现故障时，不会影响网上其他计算机的正常工作。缺点主要有：集线器的每个端口的带宽（速度）随着接入用户的增多而不断减少；集线器不具备交换能力，所有传到集线器的数据均被广播到与之相连的各个端口，容易造成网络堵塞；集线器在同一时刻每一个端口只能进行一个方向的数据通信，网络执行效率低，不能满足较大型网络的通信需求。

目前，随着以太网交换技术日趋成熟，以太网交换机的成本迅速下降，因此以太网交换机在组建局域网中正在逐步取代集线器而成为主要的网络互联设备。10/100 Mb/s 交换机成本的降低导致双速集线器正在逐步退出市场。10/100 Mb/s 的交换机已经成为企业组建局域网不可缺少的基本设备。工作在数据链路层的以太网交换机提高了网络的整体带宽，提供了局域网段之间的交换服务，打破了以集线器为主要网络设备而构建的共享式以太网工作模式，使得以太网的规模和覆盖范围得以大幅度提高，网络的性能、安全性和可管理性得到了极大改善。

用交换机组建的交换式局域网的主要特点是：能够解决共享式局域网所带来的网络效率低、不能提供足够的网络带宽和网络不易扩展等一系列问题。它从根本上改变了共享式局域网的结构，解决了带宽瓶颈问题。交换网可以构造 VLAN（虚拟网络），并通过网络管理功能或其他软件，对连接到交换机端口的网络用户进行逻辑分段，而不受网络用户的物理位置限制。提高了网络整体带宽，解决了对网络带宽有一定限制的应用的需要，例如支持多媒体图像和声音传输的需要。

任务四　实现办公室计算机连接到 Internet

为了实现办公室计算机连接到 Internet，需要将交换机与路由器连接并实现上网功能。

【任务描述】

完成任务一后计算机和计算机之间可以通信了。但是此时还是不能上 Internet，而是需要将交换机连接到路由器，并将该办公网络连接到 Internet 才可以。

【任务实施】

实施步骤有以下几步。

步骤 1：准备好连接交换机和路由器的双绞线。

步骤 2：在工作台中摆放好路由器，使路由器处于断电状态，并将双绞线的一端插头插入交换机的 16 个端口中的任意空闲端口，另一端接口插入路由器的局域网接口就可以了。如图 5-4-1 所示。

图 5-4-1　D-Link DI-504 路由器端口

步骤 3：选择 Internet 连接方式。

可以先上网查阅电信局的网站，选择"电信业务"，找到"宽带通信"，打开页面如图 5-4-2 所示，选择 ADSL 业务如图 5-4-3 所示。看相关的具体介绍，包括收费标准等。了解电信部门的 Internet 接入方式后，就可以带着相关证件去电信局申报安装了，申报成功后，安装相应的 ADSL 设备，如图 5-4-4 所示，就可以连接 Internet 了。

图 5-4-2　中国电信首页

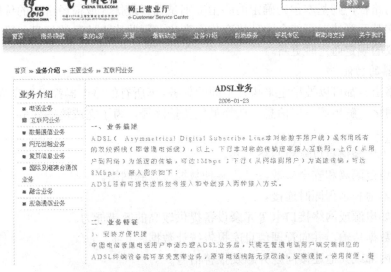

图 5-4-3　ADSL 业务

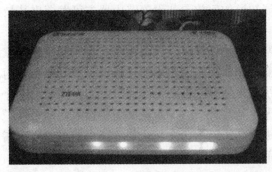

图 5-4-4　ADSL Modem

【理论知识】
一、路由器

路由器（Router）又称选径器，是网络层互联设备，如图 5-4-5 所示。路由器连接的物理网络可以是同类网络，也可以是异类网络。例如，路由器可以有局域网与局域网、局域网与广域网、广域网与广域网以及局域网、广域网和局域网三个网络等多种网络互联形式。

图 5-4-5　路由器

1. 路由器的工作原理

传统地，路由器工作于 OSI 七层协议中的第三层，其主要任务是接收来自一个网络接口的数据包，并根据其中所含的目的地址，决定转发到下一个目的地址。因此，路由器首先要在转发路由表中查找它的目的地址，若找到了目的地址，就在数据包的帧格前添加下一个 MAC 地址，同时 IP 数据包头的 TTL（Time To Live）域也开始减数，并重新计算校验和。当数据包被送到输出端口时，它需要按顺序等待，以便被传送到输出链路上。

路由器在工作时能够按照某种路由通信协议查找设备中的路由表。如果到某一特定节点有一条以上的路径，则基本预先确定的路由准则是选择最优（或最经济）的传输路径。由于各种网络段和其互联情况可能会因环境变化而变化，因此路由情况的信息一般也按所使用的路由信息协议的规定而定时更新。

2. 路由器的功能

每一台路由器都可以被指定来执行不同的任务，但所有的路由器都可以完成下面的工作：连接不同的网络，解析第三层信息，选择最优传输路径。为了完成这些任务，路由器需具备以下功能：

1）过滤出广播信息以避免网络拥塞。
2）通过设定隔离和安全参数，禁止某种数据传输到网络。
3）支持本地和远程同时连接。
4）利用如电源或网络接口卡等冗余设备提供较高的容错能力。
5）监视数据传输，并向管理信息库报告统计数据。
6）诊断内部或其他连接问题并触发报警信号。

由于路由器所具有的功能较多，所以安装路由器并非易事。一般技术人员或工程师必须对路由技术非常熟悉才能知道如何放置和设置路由器方可发挥出其最好的效能。

3. 路由器的类型

互联网各种级别的网络中随处都可见到路由器。接入网络使得家庭和小型企业可以连接到某个互联网服务提供商；企业网中的路由器连接一个校园或企业内成千上万台计算机；骨干网上的路由器终端系统通常是不能直接访问的，它们连接长距离骨干网上的 ISP 和企业网络。互联网的快速发展无论是给骨干网、企业网还是接入网都带来了不同的挑战。骨干网要求路由器能对少数链路进行高速路由转发。企业级路由器不但要求端口数目多、价格低廉，而且还要求配置起来简单方便，并能提供 QoS。

（1）接入路由器

接入路由器连接家庭或 ISP 内的小型企业客户，已不只是提供 SLIP 或 PPP 连接，还支持诸如 PPTP 和 IPSec 等虚拟私有网络协议。这些协议要能在每个端口上运行。诸如，ADSL 等技术将很快地提高各家庭的可用宽带，也将进一步增加接入路由器的负担。由于这些趋势，接入路由器将来会支持许多异构和高速端口，并在各个端口运行多种协议，同时还要避开电话交换网。

（2）企业级路由器

企业或校园级路由器连接许多终端系统，其主要目标是以尽量便宜的方法实现尽可能多地端点互连，并且进一步要求支持不同的服务质量。许多现有的企业网络都是由 Hub 或网桥连接起来的以太网段。尽管这些设备价格便宜、易于安装、无需配置，但是它们不支持服务等级。相反，有路由器参与的网络能够将机器分成多个碰撞域，并因此能够控制一个网络的大小。此外，路由器还支持一定的服务等级，至少允许分成多个优先级别。但是路由器的每个端口造价都要贵些，并且在能够使用之前要进行大量的配置工作。因此，企业路由器的成败就在于是否提供大量端口且每个端口的造价很低，是否容易配置，是否支持 QoS。另外，还要求企业级路由器能有效地支持广播和组播。企业网络还要处理历史遗留的各种 LAN 技术，支持多种协议，包括 IP、IPX 和 Vine。它们还要支持防火墙、包过滤以及大量的管理和安全策略以及 VLAN。

（3）骨干级路由器

骨干级路由器实现企业级网络的互联。对它的要求是速度和可靠性，而代价则处于次要地位。硬件可靠性可以采用电话交换网中使用的技术，如热备份、双电源、双数据通路等来获得。这些技术对所有骨干路由器而言差不多是标准的。骨干 IP 路由器的主要性能瓶颈是在转发表中查找某个路由所耗的时间。当收到一个包时，输入端口在转发表中查找该包的目的地址以确定其目的端口，当包越短或者当包要发往许多目的端口时，势必增加路由查找的代价。因此，将一些常访问的目的端口放到缓存中能够提高路由查找的效率。不管是输入缓冲还是输出缓冲路由器，都存在路由查找的瓶颈问题。除了性能瓶颈问题，路由器的稳定性也是一个常被忽视的问题。

（4）多 WAN 路由器

早在 2000 年，北京欣全向工程师在研究一种多链路（Multi-Homing）解决方案时发现，全部以太网协议的多 WAN 口设备在中国存在巨大的市场需求。伴随着欣全向产品研发成功，全国第一台双 WAN 路由器于公元 2002 年诞生，中国第一款双 WAN 宽带路由器被命名为 NuR8021。

双 WAN 路由器具有物理上的两个 WAN 口作为外网接入，这样内网计算机就可以经过双 WAN 路由器的负载均衡功能同时使用两条外网接入线路，大幅度提高了网络带宽。当前，双 WAN 路由器主要有"带宽汇聚"和"一网双线"的应用优势，这是传统单 WAN 路由器不具有的。

二、路由选择

网络层的主要功能是通过路由算法为通信双方选择一条合适的路径。通信子网为通信双方提供了多条传输路径的可能性。在数据报方式中，网络结点要为每个分组作出路由选择；在虚电路方式中，在建立虚电路时要进行路由选择。

1）路由选择策略分为：静态路由选择策略和动态路由选择策略。

2）静态路由选择策略分为：泛射路由算法、固定路由算法和随机路由选择。

3）动态路由选择策略分为：独立路由选择、集中路由选择和分布路由选择。

三、阻塞控制

当通信子网中某一部分传输的分组数量过多，使得给部分网络来不及处理，以致引起这部分乃至整个网络性能下降的现象，严重时会导致网络通信业务陷入停顿，出现阻塞现象。目前，控制网络阻塞的方法主要有：缓冲区预分配法，分组丢弃法、定额控制法。

（1）缓冲区预分配法

该法用于虚电路分组交换网中。在建立虚电路时，让呼叫请求分组途经的结点为虚电路预先分配一个或多个数据缓冲器。若某个结点缓冲器已被占满，则呼叫请求分组另择路由，或者返回一个"忙"信号给呼叫者。这样，通过途经的各结点为每条虚电路开设的永久性缓冲区（直到虚电路拆除），就总能有空间来接纳并转送经过的分组。

（2）分组丢弃法

该法不必预先保留缓冲区，当缓冲区占满时，将到来的分组丢弃。若通信子网提供的是数据报服务，则用分组丢弃法来防止阻塞发生不会引起大的影响。

（3）定额控制法

这种方法在通信子网中设置适当数量的称做"许可证"的特殊信息，一部分许可证在通信子网开始工作前预先以某种策略分配给各个源结点，另一部分则在子网开始工作后在网中四处环游。当源结点要发送来源端系统的分组时，它必须首先拥有许可证，并且每发送一个分组注销一张许可证。目的结点方则每收到一个分组并将其递交给目的端系统后，便生成一张许可证。这样便可确保子网中的分组数不会超过许可证的数量，从而防止了阻塞的发生。

◎ 备注

打开 IE 浏览器，在地址栏里输入一个网址（例：www.baidu.com），就能打开页面，浏览网页了。

【项目小结】

该项目实用性很强，目的是让学生学会如何构建一个能连接 Internet 的办公网络，并且在此过程中明白集线器、交换机、路由器在网络中各自的功能、工作原理及连接方法。希望大家能好好掌握这部分的内容。

【知识拓展】

调制解调器是 MOdulator/DEModulator（调制器/解调器）的缩写。它是在发送端通过调制将数字信号转换为模拟信号，而在接收端通过解调再将模拟信号转换为数字信号的一种装置。根据 Modem 的谐音，亲昵地称之为"猫"。

计算机内的信息是由"0"和"1"组成的数字信号，而在电话线上传递的却只能是模拟电信号。于是，当两台计算机要通过电话线进行数据传输时，就需要一个设备负责数模的转换。这个数模转换器就是 Modem。计算机在发送数据时，先由 Modem 把数字信号转换为相应的模拟信号，这个过程称为"调制"。经过调制的信号通过电话载波传送到另一台计算机之前，也要经由接收方的 Modem 负责把模拟信号还原为计算机能识别的数字信号，这个过程称为"解调"。正是通过这样一个"调制"与"解调"的数模转换过程，从而实现了两台计算机之间的远程通信。

【思考与练习】

一、选择题

1）交换机工作在 OSI 七层模型的（　　）。
A. 一层　　　　B. 二层　　　　C. 三层　　　　D. 三层以上

2）当交换机处在初始状态下，连接在交换机上的主机之间相互通信，采用（　　）通信方式。
A. 单播　　　　B. 多播　　　　C. 组播　　　　D. 不能通信

3）以下对局域网的性能影响最大的是（　　）。
A. 拓扑结构　　　　　　　　　B. 传输介质
C. 介质访问控制方式　　　　　D. 网络操作系统

4）交换机不具有的功能是（　　）。
A. 转发过滤　　B. 回路避免　　C. 路由转发　　D. 地址学习

5）计算机局域网中，通信设备主要指（　　）。
A. 计算机　　　B. 通信适配器　C. 集线器　　　D. 交换机

6）交换机不具有下面哪项功能？（　　）。
A. 转发过滤　　B. 回路避免　　C. 路由转发　　D. 地址学习

7）下面哪种网络设备工作在 OSI 模型的第二层（　　）。
A. 集线器　　　B. 交换机　　　C. 路由器　　　D. 以上都不是

8）10BASE-T 使用下列哪种线缆？（　　）。
A. 粗同轴电缆　B. 细同轴电缆　C. 双绞线　　　D. 光纤

9）局域网中通常采用的网络拓扑结构是（　　）。
A. 总线　　　　B. 星型　　　　C. 环型　　　　D. 网状

10）调制解调器的种类很多，最常用的调制解调器是（　　）。
A. 基带　　　　B. 宽带　　　　C. 高频　　　　D. 音频

二、简答题

1）简述交换机的工作原理。
2）试简述交换机和集线器的区别。
3）简述计算机网络的分类。

项目六　利用 ADSL 接入 Internet

> 计算机只有接入 Internet 才能更充分地发挥作用，享受网络中无穷无尽的资源。随着 Internet 地飞速发展，全球一体化的学习和生活方式越来越凸显出来，人们不再仅仅满足于单位内部网络的信息共享，而更需要和单位外部的网络，现在无法想象普通的计算机如果不接入 Internet，功能还能发挥多大，那么如何接入到 Internet 中的呢？

【项目描述】

目前，计算机接入 Internet 的方式很多，包括通过 Modem 接入、ISDN 接入、ADSL 接入、通过有线电视线缆的 Cable Modem 接入，还有 DDN 专线、光纤接入技术等。果果家使用的是电话拨号方式接入 Internet，不仅上网时家里电话经常有杂音，有时电话还不能正常使用，而且网络速度很慢，果果希望有更快、更好的方法接入 Internet，由于果果家有固定电话，需要在电话线上使用接入技术，因此采用 ADSL 接入 Internet。

【项目需求】

实现该项目需要有固定电话一台、ADSL 接入器、ADSL 信号分离器、装有操作系统的微机一台、10/100 Mbps 自适应网卡、RJ-11 头的电话线一根、RJ-45 直联网线一根。

【相关知识点】

1）ADSL 的概念及基本知识；
2）ADSL 业务办理手续及申请流程；
3）信号分离器的基本知识。

【项目分析】

如果购买路由器是为了与其他计算机一起共享高速因特网资源，那就必须具备一个基于以太网的电缆或 ADSL 调制解调器，并且已建立一个从因特网服务提供者（ISP）处获得的因特网账号。

如果希望通过 ADSL 路由器连接到因特网，首先需要将 ADSL 路由器和计算机及电话线连接正确；连接完成后对 ADSL 路由器进行相应的设置才能实现上网。

最好使用同一台计算机（即连接调制解调器的计算机）配置 ADSL 路由器。ADSL 路由器在此充当一个 DHCP 服务器，并将在家庭网络上分配所有必需的 IP 地址信息。要设置每个网络适配器以自动获得一个 IP 地址。

任务一　ADSL 报装前的准备

【任务描述】

电信部门推出的网络快车业务就是以 ADSL 技术方式实现高速接入因特网的一种电信新业务，作为一个普通家庭用户，申请报装网络快车（ADSL）业务必须具备哪些条件？又该如何具体报装呢？下面将以苏州电信为例，说明报装过程及相关注意点。

【任务实施】

1. 报装前奏曲

首先，必须了解安装 ADSL 需具备的条件。

1) 关于计算机硬件配置的要求，不得低于表 6–1–1 中的配置。

表 6–1–1　配　置　要　求

配　置	要　　求
CPU	Pentium 133 MHz 或以上
内存	32 MB 或以上
硬盘	100 MB 剩余空间
网卡	接口为 RJ–45 的 10 Mbps 或 10/100 Mbps 自适应以太网卡
浏览器	IE4.X/5.X 或 Netscape4.X 浏览器
操作系统	Windows 98/2000/NT81300～4

2) 已安装普通电话。ISDN 电话需先办理 ISDN 电话转普通电话业务才可申请。小总机电话用户暂不能申请。申请 ADSL 业务的用户名必须和电话机主为同一名称。

2. ADSL 的办理手续

1) 用户可到所在地的通信公司营业厅办理 ADSL 业务。

2) 用户在营业厅选择一种 ADSL 业务并交费后，即可获得 ADSL 上网账号、用户名和密码。

3) 在用户交费后的 7～10 个工作日内，所在地的通信公司施工人员会上门安装设备。

4) 施工人员安装 ADSL 时，会免费提供 ADSL 调制解调器和相关客户软件。

任务二　认识 ADSL 调制解调器

【任务描述】

果果同学为了在家能够上网，到当地电信部门办理了 ADSL 业务，并购买了一台 ADSL 路由器，希望能够在家将 ADSL 路由器连接好并设置相关参数，然后连接到因特网。

【任务实施】

1）首先需要明确 ADSL 路由器、计算机和电话线的连接方法，连接方法如图 6-2-1 所示。

2）连接之前要参看 ADSL 的使用说明书，了解各个端口的功能，下面以 ADSL 调制解调器为例进行讲解，如图 6-2-2 和图 6-2-3 所示。

图 6-2-1　ADSL 路由器连接示意图　　　　图 6-2-2　ADSL Modem（正面）

图 6-2-3 中：1 为 Phone 端口，用于连接电话机；2 为 Ethernet 端口，用于连接计算机（由一要网线边接到计算机）；3 为 RESET 端口，用于 ADSL 复位；4 为电源开关；5 为电源插孔。

3）了解信号分离器的端口分布示意图，如图 6-2-4 所示。

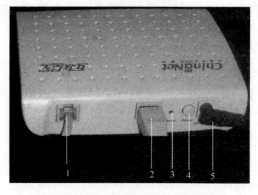

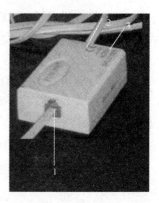

图 6-2-3　ADSL Modem（反面）　　　　图 6-2-4　信号分离器的端口

图 6-2-4 中：1 为 Line 端口，用于连接入户电话线；2 为 Modem 端口，用于连接 ADSL 调制解调器；3 为 Phone 端口，用于连接电话机。

任务三　ADSL 调制解调器的完全安装

【任务描述】

果果同学为了在家能够上网，到当地电信部门办理了 ADSL 业务，并购买了一台 ADSL 路由器，果果已经了解了 ADSL 路由器和信号分离器等内容，希望尽快安装 ADSL，实现自己的网上畅游梦。

【任务实施】

1. 硬件安装

ADSL 的硬件安装比以前使用的 Modem 稍微复杂一些。现在假设已经备齐了以下这些东西：一块 10 Mbps 或 10/100 Mbps 自适应网卡；一个 ADSL 调制解调器；一个信号分离器；另外还有两根两端做好 RJ-11 头的电话线和一根两端做好 RJ-45 头的五类双绞网络线。下面就按照图 6-3-1 所示的开始安装。

图 6-3-1　ADSL 安装示意图

1）准备如图 6-3-1 中 1 所示的 ADSL 信号分离器。

把入户电话线从原来的电话机上拔出，插入到信号分离器的 Line 端口中，并检查是否牢固，使用一根电话线，连接信号分离器的 Phone 端口和电话机原来的电话线端口。

2）ADSL 和信号分离器的连接，如图 6-3-2 中 2 所示。

将信号分离器的 Phone 端口与 ADSL 调制调解器的 Phone 端口相连，ADSL 接上电源，将 ADSL 的 Ethernet 端口与计算机或笔记本电脑的网线端口相连，如图 6-3-1 中 3 所示的位置。

3）连接完成并按 ADSL 电源开关，如果连接正确，则 ADSL 调制解调器上的灯一般会常亮三盏，分别为电源灯、ADSL 线路灯和到计算机的线路灯，这样就完成了 ADSL 的硬件安装部分。

2. 软件安装

ADSL 上网的软件设置可分为以下几个步骤。

1）网卡的安装和设置。

由于 ADSL 调制解调器是通过网卡和计算机相连的，所以在安装 ADSL Modem 前要先安装网卡，网卡可以是 10 Mbps 或 10/100 Mbps 自适应的。安装完成以后的图如图 6-3-2 所示。

要注意的是安装协议里一定要有 TCP/IP，一般使用 TCP/IP 的默认配置，不要自作主张设置固定的 IP 地址。

2）在前面完成了 ADSL 连接后，还需要安装专门的虚拟拨号软件才可以上网。常见的虚拟拨号软件有：WinPoET、EnterNet 300、rasPPPoE 等，此类软件安装放在后面"知识拓展"中介绍。

由于 Windows XP 操作系统集成了 PPPoE 协议技术，ADSL 用户不需要安装其他虚拟拨号软件，而直接使用 Windows XP 的连接向导，就可以建立 ADSL 虚拟拨号连接。

① 安装驱动程序后，选择"开始"→"所有程序"→"附件"→"通讯"→"新建连接向导"命令，在弹出的"新建连接向导"对话框中，进行 ADSL 网络连接配置，单击"下一步"按钮，如图 6-3-3 所示。

图 6-3-2　安装 TCP/IP

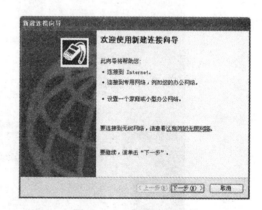

图 6-3-3　新建连接向导

② 默认选中"连接到 Internet"单选按钮，然后单击"下一步"按钮，如图 6-3-4 所示。

③ 在弹出的对话框中选中"手动设置我的连接"单选按钮，然后单击"下一步"按钮，如图 6-3-5 所示。

项目六 利用 ADSL 接入 Internet

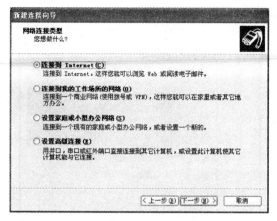

图 6-3-4 连接到 Internet

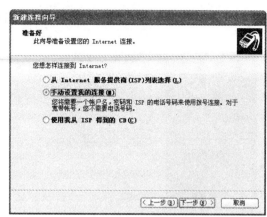

图 6-3-5 手动设置我的连接

④ 在弹出的对话框中选中"用要求用户名和密码的宽带连接来连接"单选按钮，然后单击"下一步"按钮，如图 6-3-6 所示。

⑤ 根据提示输入 ISP 名称，并单击"下一步"按钮，如图 6-3-7 所示。

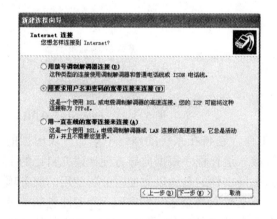

图 6-3-6 用户名和密码配置

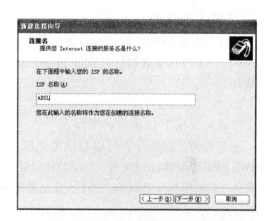

图 6-3-7 输入 ISP

⑥ 输入自己的 ADSL 用户名和密码（注意大小写），并根据提示进行安全设置，然后单击"下一步"按钮，如图 6-3-8 所示的。

⑦ 弹出完成ADSL 虚拟设置完成对话框，如图 6-3-9 所示。

⑧ 在图 6-3-9 中，选中"在我的桌面上添加一个到此连接的快捷方式"复选框，然后单击"完成"按钮，桌面上出现了一个名为"ADSL"的连接图标，双击它，将弹出如图 6-3-10 所示的对话框。

在图 6-3-10 所示的对话框中，输入

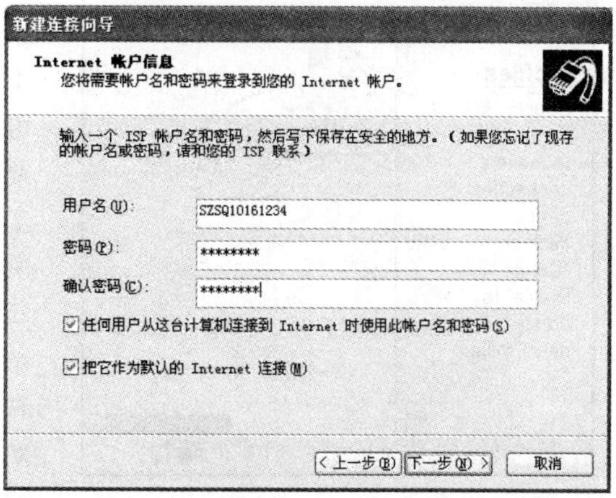

图 6-3-8 输入 ADSL 用户名和密码

ADSL 用户名和密码后，单击"连接"按钮，就可以连接到 Internet 中，实现在互联网的畅游了。

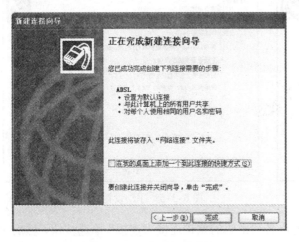

图 6-3-9　完成新建连接

图 6-3-10　ADSL 连接对话框

【知识拓展】

下载和安装 PPPoE 虚拟拨号软件：

1）下载 PPPoE 虚拟拨号软件 EnterNet 300（或更新版本的软件）。

2）安装虚拟拨号软件 EnterNet 300，安装完成后会在桌面上出现如图 6-3-11 所示的图标。

图 6-3-11　EnterNet 300 图标

在安装向导的指导下可以很快地完成安装工作，它将在系统的网络中添加一块虚拟的 PPPoE 网络适配器以完成网卡和 ADSL ISP 的连接。运行程序根据向导方便地建立自己的上网文件（Create New Profile）。向导首先需要输入上网文件的名称以方便区分所使用的服务项目，然后输入登录账号和密码，需要注意的就是在输入用户名的时候，由于 ADSL 技术的特殊性需要指定登录和使用的服务项目，所以用户名一般使用以下格式：用户账号@服务项目名称（ISP 不同可能与此有差别），单击"下一步"按钮后可以看到 ISP 所提供的服务项目列表，并根据需要进行选择。建立完成以后，直接运行建立好的上网文件即可冲入"信息高速路"了，如图 6-3-12 所示。

在连接状态，Enternet 会在系统任务栏中显示一个和普通拨号网络连接以后类似的小图标，右击在弹出的对话框中即可了解当前 ADSL 在网络中的多种网络参数信息。如果需要改变 ADSL 连接的网络属性，例如在系统中安装有多

图 6-3-12　Profiles-EnterNet 300 页面

项目六 利用 ADSL 接入 Internet   117

块网卡，则需要改变 ADSL Modem 和哪一块网卡连接，便可以对进入上网文件属性中的相应控制面板进行更改。

3）双击桌面上的 EnterNet 300 图标。

4）在弹出的窗口中双击其中的 Create New Profile 图标。

5）然后在弹出的 Connection Name 对话框中输入连接的标识名称，如"163"，单击"下一步"按钮。

6）在弹出的 User Name and Password 对话框中输入连接的用户名和密码，如图 6-3-13 所示。

图 6-3-13 User Name and Password

7）单击"下一步"按钮，在弹出的对话框中选择连接 ADSL 的网卡，如图 6-3-14 所示。

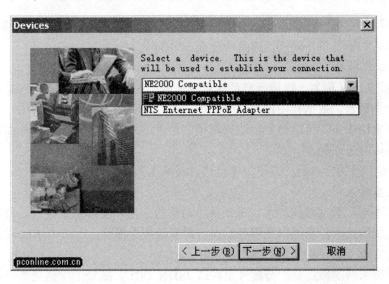

图 6-3-14 Devices 窗口

8）此时拨号网络的设置工作完成了，在窗口中将出现新的连接，如图 6-3-15 所示。

9）双击新创建的连接中的"169"图标，便可以上网了，如图 6-3-16 所示。

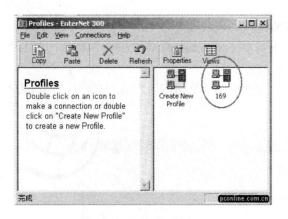
图 6-3-15　169 连接图标

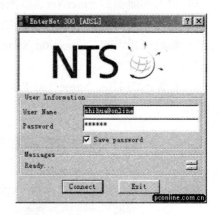
图 6-3-16　登录"169 连接"

【理论知识】

一、上网方式

Internet 接入方式主要有 5 种：拨号上网方式、使用 ISDN 专线入网、使用 ADSL 宽带入网、使用 DDN 专线入网及局域网接入。

1．拨号上网方式

拨号上网方式又称为拨号 IP 方式，因为采用拨号上网方式，在上网之后会被动态地分配一个合法的 IP 地址。用拨号方式上网的投资不大，但是其功能比拨号仿真终端方法联入要强得多。

拨号上网的特点是：投资少，适合一般家庭及个人用户使用；速度慢，因为其受电话线及相关接入设备的硬件条件限制，速率一般在 56 Kbps 左右。

2．ISDN 专线接入

ISDN 专线接入又称为一线通或窄带综合业务数字网业务（N-ISDN）。它是在现有电话网上开发的一种集语音、数据和图像通信于一体的综合业务形式。一线通利用一对普通电话线即可得到综合电信服务。可以边上网边打电话、边上网边发传真，还可以两部计算机同时上网、两部电话同时通话等。

ISDN 专线上网的特点是：方便、速度快，最高上网速度可达到 128 Kbps。

3．ADSL 宽带入网

ADSL 即不对称数字线路技术，是一种不对称数字用户实现宽带接入因特网的技术，其作为一种传输层的技术，利用铜线资源，在一对双绞线上提供上行 640 Kbps、下行 8 Mbps 的宽带，从而实现了真正意义上的宽带接入。

ADSL 宽带入网的特点是：与拨号上网或 ISDN 相比，减轻了电话交换机的负载，不需要拨号，属于专线上网，不需另缴电话费。

4. DDN 专线入网

DDN 即数字数据网,是利用数字传输通道(光纤、数字微波、卫星)和数字交叉复用节点组成的数字数据传输网。可以为用户提供各种速率的高质量数字专用电路和其他新业务,以满足用户多媒体通信和组建中高速计算机通信网的需要。

DDN 专线的特点是:采用数字电路,传输质量高,时延小,通信速率可根据需要来选择;电路可以自动迂回,可靠性高。

5. 局域网接入

局域网连接就是把用户的计算机连接到一个与 Internet 直接相连的局域网(LAN)上,并且获得一个永久属于用户计算机的 IP 地址。不需要 Modem 和电话线,但是需要有网卡才能与局域网通信。同时,还要求用户计算机软件的配置要求比较高,一般需要专业人员为用户的计算机进行配置,需要安装 TCP/IP 协议。

局域网接入的特点是传输速率高,对计算机配置要求高,需要有网卡,需要安装 TCP/IP 协议。

二、ADSL 基本知识介绍

近年来随着 Internet 地迅猛发展,普通 Modem 拨号的速率,已远远不能满足人们获取大容量信息的需求,用户对接入速率的要求也越来越高。如今一种名叫 ADSL 的技术已投入实际使用,使用户享受到了高速冲浪的欢悦。

1. ADSL 技术

ADSL 是 Asymmetrical Digital Subscriber Loop(非对称数字用户环路)的缩写,ADSL 技术是运行在原有普通电话线上的一种新的高速宽带技术,它利用现有的一对电话铜线,为用户提供上、下行非对称的传输速率(带宽)。非对称主要体现在上行速率(最高 640 Kbps)和下行速率(最高 8 Mbps)的非对称性上。上行(从用户到网络)为低速的传输,可达 640 Kbps;下行(从网络到用户)为高速传输,可达 8 Mbps。它最初主要是针对视频点播业务开发的,随着技术的发展,逐步成为一种较方便的宽带接入技术,为电信部门所重视。通过网络电视的机顶盒,可以实现许多以前在低速率下无法实现的网络应用。

2. ADSL 技术的特点

ADSL 这种宽带接入技术具有以下特点:

1)可直接利用现有用户电话线,节省投资;

2)可享受超高速的网络服务,为用户提供上、下行不对称的传输带宽。

3)节省费用,上网的同时可以打电话,互不影响,而且上网不需要另交电话费。

4)安装简单,不需要另外申请增长率加线路,只需要在普通电话线上加装 ADSL Modem,在计算机上装上网卡即可。

3. ADSL 技术原理

ADSL 用其特有的调制解调硬件来连接现有双绞线连接的各端,它创建具有三个信道的管道,如图 6-3-17 所示。

该管道具有一个高速下传信道(到用户端),一个中速双工信道和一个 POTS 信道(4 kHz),而 POTS 信道用以保证即使 ADSL 连接失败了,语音通信仍能正常运转。高速和中速信道均可以复用以创建多个低速通道,见表 6-3-1。

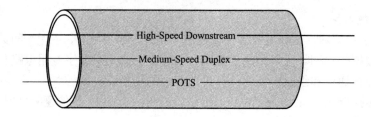

图 6–3–17

表 6–3–1 信 道

信道	平均速率	最低速率	最高速率
高速下传	6 Mbps	1.5 Mbps	9 Mbps
中速双工	64 Kbps	16 Kbps	640 Kbps

此表为简单地参考,实际线速要受物理线缆长度、尺寸和干扰等因素的影响。

在过去数年中,电话系统的硬件技术有了很大进步,然而 ADSL 使用了非常简单的方法来获取了惊人的速率:压缩。它使用很先进的 DSP 算法在电话线(双绞线)中压缩尽可能多的信息。

ADSL 用频分复用(FDM)或回馈抑制(Echo Cancellation)在电话线中创建多个信道。FDM 使用一条下传数据管道和一条上传数据管道,并用时分复用(TDM)将下传管道分割,上传管道也被分成多个低速信道。回馈抑制将下传管道和上传管道重叠,并用本地回馈抑制(如 V.34 规范)将二者区分。回馈抑制虽然更加有效,但却增加了复杂性和成本。

ADSL 复用下传信道,双工化,将信道分块,给每块加上错误码,然后发送数据,接收端根据误码和块长纠错。测试表明,ADSL 调制解调器的纠错足以应付 MPEG2 和多种其他的数字视频方案。

4. ADSL 技术与其他常见接入技术的对比

(1) ADSL 与普通拨号 Modem 的比较

比起普通拨号 Modem 的最高速率 56 Kbps,ADSL 的速率优势是不言而喻的。而且它在同一铜线上分别传送数据和语音信号,数据信号并不通过电话交换机设备,所以在线并不需要拨号,也就意味着上网无须缴纳额外的话费。

(2) ADSL 与 ISDN 的比较

二者的相同点是都能够进行语音、数据、图像的综合通信,但 ADSL 的速率是 ISDN 的 60 倍左右。ISDN 提供的是 2B+D 的数据通道,其速率最高可达到 144 Kbps,接入网络是窄带的 ISDN 交换网络,而 ADSL 的下行速率可达 8 Mbps,它的语音部分走的是传统的 PSTN 网,而数据部分则接入宽带 ATM 平台。

(3) ADSL 与 DDN 的比较

ADSL 非对称接入方式,上行最高 640 Kbps,下行最高 8 Mbps,相对 DDN 对称性的数据传输更适合现代网络的特点。同时,ADSL 费用比 DDN 要便宜得多,接入方式也较灵活。

(4) ADSL 和 Cable Modem 的比较

ADSL 在网络拓扑的选择上采用星型拓扑结构,为每个用户提供固定、独占的保证宽带,而且可以保证用户发送数据的安全性,而 Cable Modem 的线路为总线型,一般国外有线电视承诺的 10 Mbps 甚至 30 Mbps 的信道带宽是一群用户共享的,一旦用户数增多,每个用户所分配的带宽就会急剧下降,而且共享型网络拓扑致命的缺陷就是它的安全性,数据传送基于广播机制,同一个信道的每个用户都可以接收到该信道中的数据包。

【项目小结】

ADSL 这种宽带接入技术可直接利用现有用户电话线,而无须另铺电缆,节省了投资;它接入快,适合于集中与分散的用户;能为用户提供上行、下行不对称的传输带宽;采用点到点的拓扑结构,用户可独享带宽。用户还可以通过 ADSL 宽带接入方式快速浏览 Internet 上的信息,进行网上交流、收发电子邮件等内容。

学习本项目后,了解了 ADSL 的接入技术及原理,并会安装和配置 ADSL 接入 Internet。

【思考与练习】

1) ADSL 的中文意思是_____。
2) ADSL 调制解调器工作在 OSI 模型七层中的第_____层。
3) ADSL 的最大下行速率可以达到_____。
4) ADSL 在使用时,连接计算机的是_____线。
5) ADSL 中分别有_____、_____、_____常见端口。

项目七　搭建家庭无线网络

> 小王家中原来就有一台计算机,最近单位又配了一台笔记本电脑。自从家里装了宽带之后,一家三口人经常为上网而争着使用书房那台计算机。布一个有线局域网会影响居室美观,也不好走线。正好暑期各种硬件产品搞促销活动,其中的无线网络设备促销信息让小王有了新的主意——建立自己的家庭无线局域网。

【项目描述】
1)建立一个家庭无线网络,使得全家的计算机都能接入该网络,以实现资源共享。
2)要能让全家人的计算机都能同时连入因特网。

【项目需求】
1)家庭能通过 ADSL 接入因特网;
2)笔记本电脑都具备无线网卡,支持 802.11 a/b/g 协议;
3)具有路由和 WLAN 功能的 ADSL MODEM。

【相关知识点】
所谓无线网络,就是利用无线电波作为信息传输的媒介构成的无线局域网(Wireless,WLAN),与有线网络的用途十分类似,最大的不同在于传输媒介的种类。无线网络在家庭和小型企业中使用具有明显的优点。使用无线网络时,不必安装电缆将单独的计算机连接在一起,而便携式计算机(比如膝上计算机和笔记本电脑)就能够实现在屋里或小型企业办公室中漫游,同时保持它们的网络连接。

【项目分析】
目前,常见的无线网络分为 GPRS 手机无线网络和无线局域网两种方式。应该说,GPRS 手机上网方式是目前真正意义上的一种无线网络,它是一种借助移动电话网络接入 Internet 的无线上网方式,因此只要所在城市开通了 GPRS 上网业务,在任何一个角落都可以通过笔记本电脑来上网。不过,由于目前 GPRS 上网资费过高,速率较慢,所以用户群很小,本文仅是围绕第二种无线局域网方式来展开。

【任务实施】
1)设置本地 IP 与 Modem 于同一网段内。因为路由器的 IP 地址是 192.168.1.1,所以将计算机 IP 地址设置成 192.168.1.3。

2）进入配置界面，使用浏览器打开 http：//192.168.1.1 账号密码都是 admin，如图 7-1-1 所示。

图 7-1-1　配置界面

出现如图 7-1-2 所示的界面。

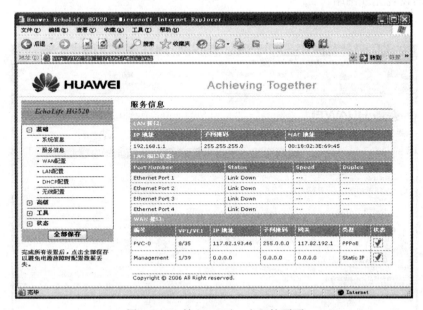

图 7-1-2　输入 IP 后，出现的页面

3）首先设置好路由拨号功能，单击"WAN 配置"，家庭 ADSL 采用 PPPoE 拨号上网模式，需要在无线路由器上设置 PPPoE 的账号和密码，使得路由器能自动拨号上网，如图 7-1-3 所示。

图 7-1-3　设置账户的密码

4）下面设置无线网络。

如图 7-1-4 所示。

图 7-1-4　设置无线网络

① WLAN 功能。选中"允许"单选按钮即可打开无线网络,选中"禁止"单选按钮即关闭无线网络。

② SSID(Service Set Identifier)也可以写为 ESSID,用来区分不同的网络,最多可以有 32 个字符,无线网卡设置了不同的 SSID 就可以进入不同的网络。SSID 通常由 AP 广播出来,并通过 XP 系统自带的扫描功能可以相看当前区域内的 SSID。出于安全考虑可以不广播 SSID,此时用户就要手工设置 SSID 才能进入相应的网络。简单地说,SSID 就是一个局域网的名称,只有设置为名称相同 SSID 的值的计算机才能互相通信。

③ 隐藏 SSID 广播。通俗地说,SSID 便是给自己的无线网络所取的名字。需要注意的是,同一生产商推出的无线路由器或 AP 都使用了相同的 SSID,一旦那些企图非法连接的攻击者利用通用的初始化字符串来连接无线网络,就极容易地建立起一条非法的连接,从而给无线网络带来威胁。

无线路由器一般都会提供"允许 SSID 广播"功能。如果不想让自己的无线网络被别人通过 SSID 名称搜索到,那么最好"禁止 SSID 广播"。这样,自己的无线网络仍然可以使用,只是不会出现在其他人所搜索到的可用网络列表中。

◎ 提示/备注

通过禁止 SSID 广播设置后,无线网络的效率会受到一定的影响,但以此可以换取安全性的提高。

④ 信道。WLAN 信道列表是法律所规定的 IEEE 802.11(或称为 Wi-Fi)无线网络应该使用的无线信道。

802.11 工作组划分了两个独立的频段,2.4 GHz 和 4.9/5.8 GHz。每个频段又划分为若干信道。每个国家自己制定政策如何使用这些频段。802.11 b 和 802.11 g 将 2.4 GHz 的频段区分为 14 个重复标记的频道,每个频道的中心频率相差 5 兆赫兹(MHz)。

⑤ 无线网络模式,如图 7-1-5 所示。

IEEE 在 1997 年为无线局域网制定了第一个版本标准——IEEE 802.11。其中定义了媒体存取控制层(MAC 层)和物理层。物理层定义了工作在 2.4 GHz 的 ISM 频段上的两种展频作调频方式和一种红外传输的方式,总数据传输速率设计为 2 Mbps。两个设备之间的通信可以设备到设备(ad hoc)的方式进行,也可以在基站(Base Station,BS)或者访问点(Access Point,AP)的协调下进行。为了在不同的通信环境下取得良好的通信质量,采用 CSMA/CA(Carrier Sense Multi Access/Collision Avoidance)硬件沟通方式。

图 7-1-5 无线网络模式

1999 年加了两个补充版本:802.11a 定义了一个在 5 GHz ISM 频段上的数据传输速率可达 54 Mbps 的物理层;802.11b 定义了一个在 2.4 GHz 的 ISM 频段上但数据传输速率高达 11 Mbps 的物理层。2.4 GHz 的 ISM 频段为世界上绝大多数国家通用,因此 802.11b 得到了最为广泛地应用。苹果公司把自己开发的 802.11 标准起名叫 AirPort。1999 年,工业界成立了 Wi-Fi 联盟,致力解决符合 802.11 标准的产品的生产和设备兼容性问题。

802.11 标准和补充可以归纳如下：

IEEE 802.11，1997 年，原始标准（2 Mbps，工作在 2.4 GHz）。

IEEE 802.11a，1999 年，物理层补充（54 Mbps，工作在 5 GHz）。

IEEE 802.11b，1999 年，物理层补充（11 Mbps，工作在 2.4 GHz）。

IEEE 802.11c，符合 802.1D 的媒体接入控制层桥接（MAC Layer Bridging）。

IEEE 802.11d，根据各国无线电规定做的调整。

IEEE 802.11e，对服务等级（Quality of Service，QoS）的支持。

IEEE 802.11f，基站的互联性（IAPP，Inter-Access Point Protocol），2006 年 2 月被 IEEE 批准撤销。

IEEE 802.11g，2003 年，物理层补充（54 Mbps，工作在 2.4 GHz）。

IEEE 802.11h，2004 年，无线覆盖半径的调整，室内（indoor）和室外（outdoor）信道（5 GHz 频段）。

IEEE 802.11i，2004 年，无线网络安全方面的补充。

IEEE 802.11j，2004 年，根据日本规定做的升级。

IEEE 802.11l，预留及准备不使用。

IEEE 802.11m，维护标准、互斥及极限。

IEEE 802.11n，草案，更高传输速率的改善，支持多输入多输出技术（Multi-Input Multi-Output，MIMO）。

IEEE 802.11k，该协议规范规定了无线局域网络频谱测量规范。该规范的制定体现了无线局域网络对频谱资源智能化使用的需求。

● IEEE 802.11a 是 802.11 原始标准的一个修订标准，于 1999 年获得批准。802.11a 标准采用了与原始标准相同的核心协议，工作频率为 5 GHz，使用 52 个正交频分多路复用副载波，最大原始数据传输率为 54 Mbps，达到了现实网络中等吞吐量（20 Mbps）的要求。如果需要的话，数据率可降为 48、36、24、18、12、9 或者 6 Mbps。802.11a 拥有 12 条不相互重叠的频道，8 条用于室内，4 条用于点对点传输。它不能与 802.11b 进行互操作，除非使用了对两种标准都采用的设备。

由于 2.4 GHz 频带已经被到处使用，而采用 5 GHz 的频带让 802.11a 具有更少冲突的优点。然而，高载波频率也带来了负面效果。802.11a 几乎被限制在直线范围内使用，导致必须使用更多的接入点；同样，还意味着 802.11a 不能传播得像 802.11b 那么远，因为它更容易被吸收。

802.11a 产品于 2001 年开始销售，比 802.11b 的产品还要晚，这是因为产品中 5 GHz 的组件研制成功太慢。由于 802.11b 已经被广泛采用，而 802.11a 没有被广泛采用。再加上 802.11a 的一些弱点，和一些地方的规定限制，使得它的使用范围更窄了。802.11a 设备厂商为了应对这样的市场匮乏，对技术进行了改进（现在的 802.11a 技术已经与 802.11b 在很多特性上都很相近了），并开发了可以使用不止一种 802.11 标准的技术。现在已经有了可以同时支持 802.11a 和 b，或者 a、b、g 都支持的双频，双模式或者三模式的无线网卡，它们可以自动根据情况选择标准。同样，也出现了移动适配器和接入设备能同时支持所有的这些标准。

- IEEE 802.11b 是无线局域网的一个标准。其载波的频率为 2.4 GHz，可提供 1、2、5.5 及 11 Mbps 的多重传送速度。在 2.4 GHz 的 ISM 频段共有 14 个频宽为 22 MHz 的频道可供使用。IEEE 802.11b 的后继标准是 IEEE 802.11g，其传送速度为 54 Mbps。
- IEEE 802.11g 在 2003 年 7 月被通过，其载波的频率为 2.4 GHz（与 802.11b 相同），原始传送速度为 54 Mbps，净传输速度约为 24.7 Mbps（与 802.11a 相同）。802.11g 的设备向下与 802.11b 兼容。

其后，有些无线路由器厂商因应市场需要而在 IEEE 802.11g 的标准上另行开发新标准，并将理论传输速度提升至 108 Mbps 或 125 Mbps。

- IEEE 802.11i 是 IEEE 为了弥补 802.11 脆弱的安全加密功能（Wired Equivalent Privacy，WEP）而制定的修正案，于 2004 年 7 月完成。其中定义了基于 AES 的全新加密协议 CCMP（CTR with CBC-MAC Protocol），以及向前兼容 RC4 的加密协议 TKIP（Temporal Key Integrity Protocol）。

无线网络中的安全问题从暴露到最终解决经历了一定的时间，而各大通信芯片厂商显然无法接受在此期间什么都不出售，所以迫不及待的 Wi-Fi 厂商采用 802.11i 的草案 3 为蓝图设计了一系列的通信设备，随后称之为支持 WPA（Wi-Fi Protected Access）的；之后称将支持 802.11i 最终版协议的通信设备，即支持 WPA2（Wi-Fi Protected Access 2）的。

- IEEE 802.11n，是 2004 年 1 月 IEEE 宣布组成一个新的单位来发展的新的 802.11 标准。目前在市面上零售的相关产品版本为草拟版本 2.0。传输速度理论值为 300 Mbps，因此需要在物理层产生更高速度的传输率，此项新标准应该要比 802.11b 快上 50 倍，而比 802.11g 快上 10 倍左右。802.11n 也将会比目前的无线网络传送到更远的距离。

目前在 802.11n 有两个提议在互相竞争中：WWiSE（World-Wide Spectrum Efficiency）以 Broadcom 为首的一些厂商支持。TGn Sync 由 Intel 与 Philips 所支持。

⑥ 网络认证如图 7-1-6 所示。

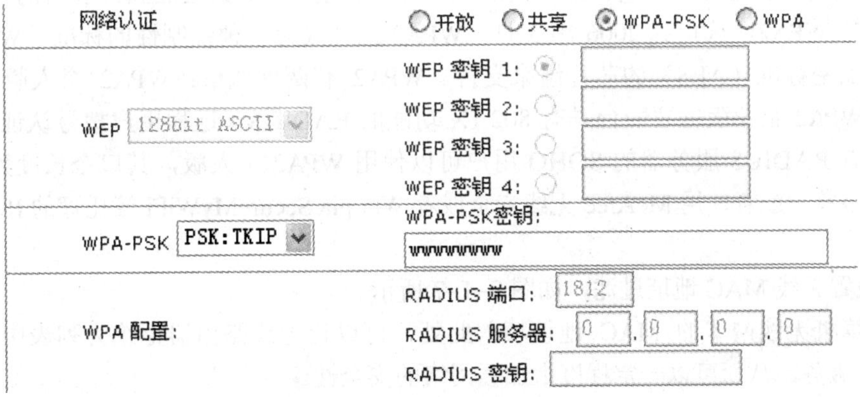

图 7-1-6 网络认证

开放：是指无线网络信号不进行任何处理和加密，任何人都可以直接连接到此网络之中，很显然，这是一种非常不安全的方式，只能使用在安全要求较低的场合。

共享：是指网络信号采用 WEP 方式加密。

WEP 安全技术源自于名为 RC4 的 RSA 数据加密技术，以满足用户更高层次的网络安全需求。

WEP 是 Wired Equivalent Privacy 的简称，即有线等效保密协议。它是对在两台设备间无线传输的数据进行加密的方式，用以防止非法用户窃听或侵入无线网络。不过密码分析学家已经找出 WEP 的几个弱点，因此，在 2003 年被 Wi-Fi Protected Access（WPA）淘汰，又在 2004 年被完整的 IEEE 802.11i 标准（又称为 WPA2）所取代。

WEP 是 802.11b 标准里定义的一个用于无线局域网的安全性协议，用来提供和有线 lan 同级的安全性。LAN 天生比 WLAN 安全，因为 LAN 的物理结构对其有所保护，部分或全部网络埋在建筑物里面也可以防止未授权的访问。

经由无线电波的 WLAN 没有同样的物理结构，因此容易受到攻击、干扰。WEP 的目标就是通过对无线电波里的数据加密提供安全性，如同端到端发送一样。WEP 特性里使用了 rsa 数据安全性公司开发的 rc4 ping 算法。如果无线基站支持 MAC 过滤，推荐连同 WEP 一起使用这个特性（MAC 过滤比加密安全得多）。

Wi-Fi 网络安全存取（Wi-Fi Protected Access，WPA）是一种基于标准的可互操作的 WLAN 安全性增强解决方案，可极大地增强现有以及未来无线局域网系统的数据保护和访问控制水平。WPA 源于正在制定中的 IEEE802.11i 标准并将与之保持前向兼容。部署适当的话，WPA 可保证 WLAN 用户的数据受到保护，并且只有授权的网络用户才可以访问 WLAN 网络。

由于 WEP 业已证明的不安全性，在 802.11i 协议完善前，采用 WPA 为用户提供一个临时性的解决方案。该标准的数据加密采用 TKIP 协议（Temporary Key Integrity Protocol），认证有两种模式可供选择，一种是使用 802.1x 协议进行认证；另一种是称为预先共享密钥（Pre-Shared Key，PSK）模式。

WPA2（WPA 第二版）是 Wi-Fi 联盟对采用 IEEE 802.11i 安全增强功能产品的认证计划。WPA2 认证的产品自从 2004 年 9 月以来就上市了。目前，大多数企业和许多新的住宅 Wi-Fi 产品都支持 WPA2。截止到 2006 年 3 月，WPA2 已经成为一种强制性的标准。WPA2 需要采用高级加密标准（AES）的芯片组来支持。WPA2 有两种风格：WPA2 个人版和 WPA2 企业版。WPA2 企业版需要一台具有 802.1X 功能的 RADIUS（远程用户拨号认证系统）服务器。没有 RADIUS 服务器的 SOHO 用户可以使用 WPA2 个人版，其口令长度为 20 个以上的随机字符，或者使用 McAfee 无线安全或者 Witopia SecureMyWiFi 等托管的 RADIUS 服务。

⑦ 设置无线 MAC 地址过滤，如图 7-1-7 所示。

将计算机无线网卡的 MAC 地址填入此处，可以让无线路由器拒绝为列表中不存在的 MAC 地址服务，从而可以一定程度上加强网络的安全性。

连接无线网络，打开"网络连接"窗口，在无线网卡连接上右击，在弹出的快捷菜单中选择"查看可用的无线连接"选项。

⑧ 开启无线路由器的 DHCP 服务，使得客户机连接到此 AP 时可以自动获得各项网络参数，如图 7-1-8 所示。

Huawei EchoLife HG520 - Microsoft Internet Explorer
文件(F) 编辑(E) 查看(V) 收藏(A) 工具(T) 帮助(H)
后退 搜索 收藏夹
http://192.168.1.1/phtml/pMain.html
转到
HUAWEI
Achieving Together
EchoLife HG520
基础
高级
IP 路由
ADSL配置
VLAN绑定
访问控制列表
过滤配置
无线MAC过滤
防火墙
NAT
QoS
DNS中继
RIP
ATM QoS 配置
工具
状态
全部保存
完成所有设置后，点击全部保存以避免电源故障时配置数据丢失。
无线 MAC 过滤
无线MAC过滤器配置
状态:
MAC过滤 启用
MAC过滤 禁用
编号
拒绝/允许
MAC地址
允许
拒绝
Internet

图 7–1–7

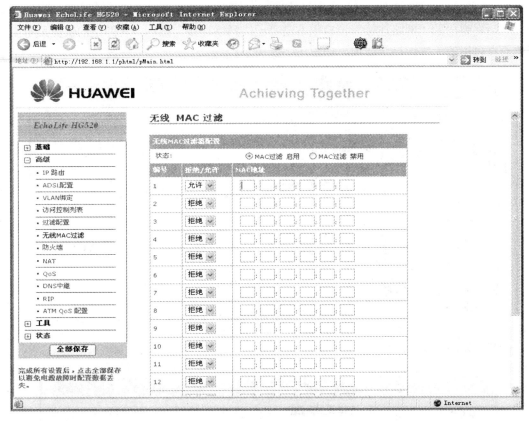

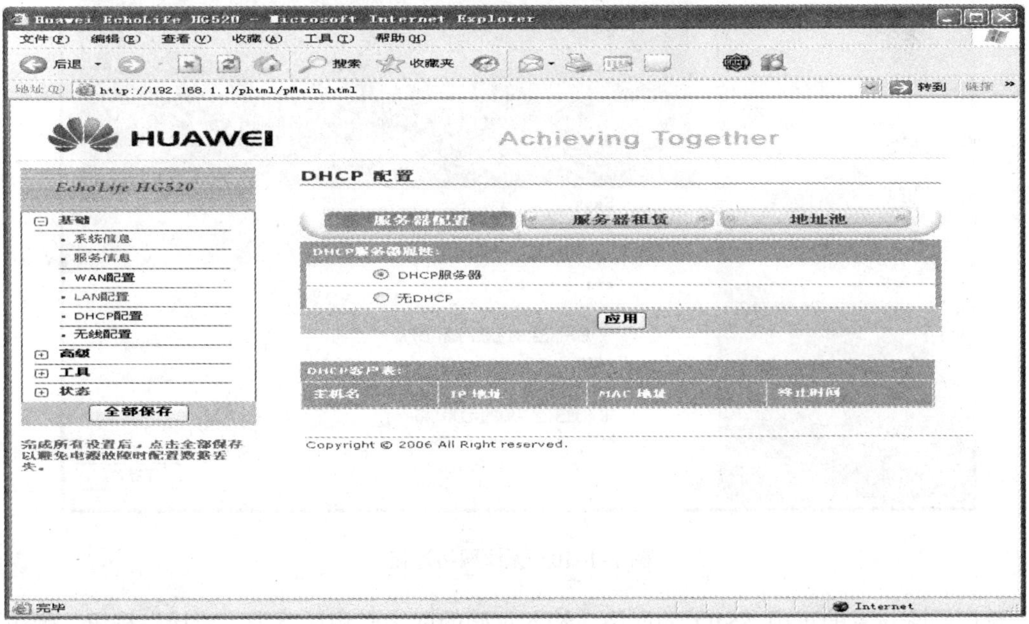
Huawei EchoLife HG520 - Microsoft Internet Explorer
文件(F) 编辑(E) 查看(V) 收藏(A) 工具(T) 帮助(H)
http://192.168.1.1/phtml/pMain.html
HUAWEI
Achieving Together
EchoLife HG520
基础
系统信息
服务信息
WAN配置
LAN配置
DHCP配置
无线配置
高级
工具
状态
全部保存
完成所有设置后，点击全部保存以避免电源故障时配置数据丢失。
DHCP 配置
服务器配置
服务器租赁
地址池
DHCP服务器属性:
DHCP服务器
无DHCP
应用
DHCP客户表:
主机名
IP 地址
MAC 地址
终止时间
Copyright © 2006 All Right reserved.
完毕
Internet

图 7–1–8

⑨ 设置 WLAN 客户端，在"网上邻居"上右击，在弹出的快捷菜单中选择"属性"选项。然后在弹出的"网络连接"窗口中右击"无线网络连接"图标，在弹出的快捷菜单中选择"查看可用的无线连接"选项，如图 7-1-9 所示。

图 7-1-9　查看可用的无线连接

会弹出如图 7-1-10 所示的对话框。

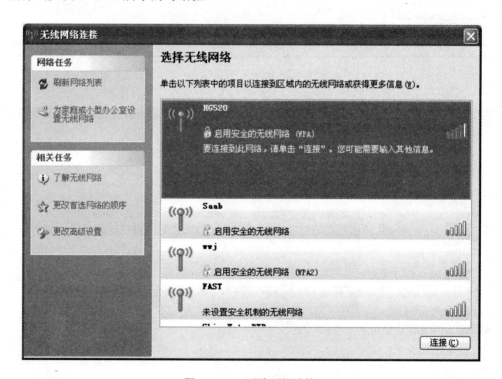

图 7-1-10　无线网络连接

选中刚刚设置的正确 SSID 的网络，输入正确的网络密钥后单击"连接"按钮，弹出图 7-1-11 所示的窗口。

项目七 搭建家庭无线网络　　131

图 7-1-11　输入网络密钥

出现此结果，就说明连接已经成功，如图 7-1-12 所示。

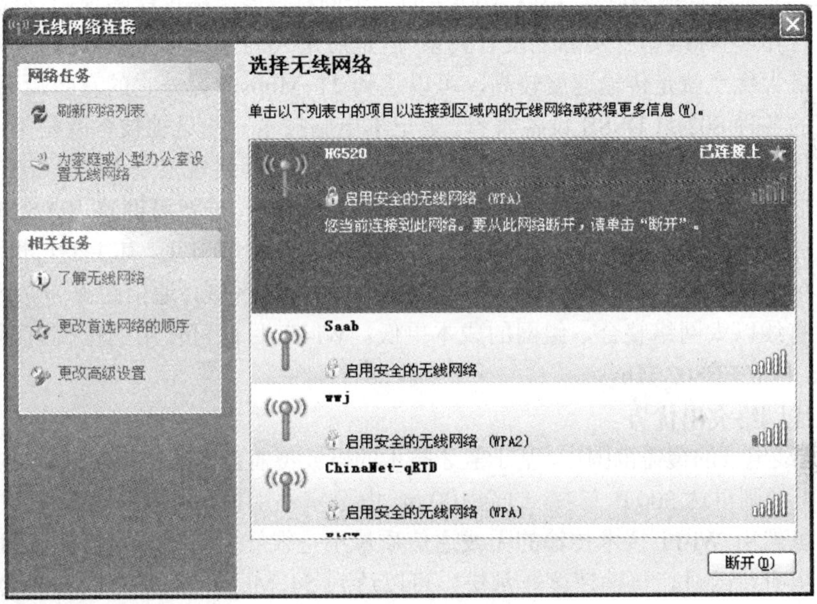

图 7-1-12　连接成功

如果要从当前的无线网络断开，只要选中该无线网络，单击"断开"按钮就可以了。

【理论知识】

无线局域网是使用无线连接的局域网。它使用无线电波作为数据传送的媒介。传送距离一般为几十米。无线局域网的主干网路通常使用电缆（Cable），无线局域网用户通过一个或更多无线接取器（wireless access points，WAP）接入无线局域网。无线局域网现在已经广泛应用在商务区、大学、机场，及其他公共区域。

一、无线网络协议

无线局域网最通用的标准是 IEEE 定义的 802.11 系列标准。IEEE 802.11 的第一个版本发表于 1997 年，其中定义了介质访问接入控制层（MAC 层）和物理层。物理层定义了工作在

2.4 GHz 的 ISM 频段上的两种无线调频方式和一种红外传输的方式，总数据传输速率设计为 2 Mbps。两个设备之间的通信可以自由直接（ad hoc）的方式进行，也可以在基站（Base Station，BS）或者访问点（Access Point，AP）的协调下进行。

1999 年增加了两个补充版本：802.11a 定义了一个在 5 GHz ISM 频段上的数据传输速率可达 54 Mbps 的物理层；802.11b 定义了一个在 2.4 GHz 的 ISM 频段上，但数据传输速率高达 11 Mbps 的物理层。

802.11b 得到了最为广泛地应用。苹果公司把自己开发的 802.11 标准起名叫 AirPort。1999 年，工业界成立了 Wi-Fi 联盟，致力解决符合 802.11 标准的产品的生产和设备兼容性问题。Wi-Fi 为制定 802.11 无线网络的组织，并非代表无线网络。

二、Wi-Fi 技术

Wi-Fi 全称为 Wireless Fidelity，俗称"无线宽带"。802.11b 有时也被错误地标为 Wi-Fi，实际上 Wi-Fi 是无线局域网联盟（WLANA）的一个商标，该商标仅保障使用该商标的商品相互之间可以合作，与标准本身实际上没有关系。但是后来人们逐渐习惯用 Wi-Fi 来称呼 802.11b 协议。它的最大优点就是传输速度较高，可以达到 11 Mbps，另外它的有效距离也很长，同时也与已有的各种 802.11 DSSS 设备兼容。笔记本电脑技术——迅驰技术就是基于该标准的。

IEEE（[美国] 电子和电气工程师协会）802.11b 无线网络规范是 IEEE 802.11 网络规范的变种，最高带宽为 11 Mbps，在信号较弱或有干扰的情况下，带宽可调整为 5.5 Mbps、2 Mbps 和 1 Mbps，带宽的自动调整，有效地保障了网络的稳定性和可靠性。其主要特性为：速度快、可靠性高，在开放性区域，通信距离可达 305 m，在封闭性区域，通信距离为 76~122 m，方便与现有的有线以太网络整合，组网的成本更低。Wi-Fi 目前可使用的标准有两个，分别是 IEEE802.11a 和 IEEE802.11b。

三、无线网络突出优势

其一，无线电波的覆盖范围广，基于蓝牙技术的电波覆盖范围非常小，半径大约只有 15 m，而 Wi-Fi 的半径则可达 300 ft 左右，约合 100 m，办公室不用说，就是在整栋大楼中也可使用。

其二，虽然由 Wi-Fi 技术传输的无线通信质量不是很好，数据安全性能比蓝牙差一些，但传输质量也有待改进，传输速度非常快，可以达到 54 Mbps，满足个人和社会信息化的需求。

其三，厂商进入该领域的门槛比较低，即只要在机场、车站、咖啡店、图书馆等人员较密集的地方设置"热点"，并通过高速线路将因特网接入上述场所。这样，由于"热点"所发射出的电波可以达到距接入点半径数 10~100 m 的地方，用户只要将支持无线 LAN 的笔记本电脑或 PDA 拿到该区域内，即可高速接入因特网。也就是说，厂商不用耗费资金来进行网络布线接入，从而节省了大量的成本。

四、无线网络的缺点

相对于有线网络而言，无线网络的安全可以说是一个最大的问题，除存在有线网络存在的网络间黑客攻击和病毒侵袭以外，无线网络还存在着未授权用户的非法共享问题。AP 发射出来的信号既然你能接收到，那么你的邻居用他的笔记本电脑同样也可以接收到，实际上他也成为你家的无线网络用户。对这个问题可以通过对 WEP 密码和 IP 访问控制等相关的 AP 设置选项进行设定来防范。

另外一个问题就是信号的接收问题，虽然无线网络免去了布线的烦恼，但是它同样也给用户出了一个难题，就是如何才能保证更稳定的信号接收，减少信号的衰减。要尽量选择质量好的 AP 和无线网卡，并将它放置在干扰较少的环境中。这是良好信号的保证。

五、Wi-Fi 组成

一般架设无线网络的基本配备就是无线网卡及一台 AP，如此便能以无线的模式，配合既有的有线架构来分享网络资源，架设费用和复杂程度远远低于传统的有线网络。如果只是几台计算机的对等网，也可不要 AP，只需要每台计算机配备无线网卡。AP 为 AccessPoint 简称，一般翻译为"无线访问节点"，或"桥接器"。它主要在媒体存取控制层 MAC 中起到无线工作站及有线局域网络的桥梁的作用。有了 AP，就像一般有线网络的 Hub 一般，无线工作站可以快速且轻易地与网络相连。特别是对于宽带的使用，Wi-Fi 更显优势，有线宽带网络（ADSL、小区 LAN 等）到户后，连接到一个 AP，然后在计算机中安装一块无线网卡即可。普通的家庭有一个 AP 已经足够，甚至用户的邻居得到授权后，则无需增加端口，也能以共享的方式上网。

【知识拓展】

中国的 WAPI 无线标准的介绍如下所述。

1）什么是 WAPI？

WAPI 是我国自主研发的，拥有自主知识产权的无线局域网安全技术标准。WAPI 是 WLAN Authentication and Privacy Infrastructure 的英文缩写。它像红外线、蓝牙、GPRS、CDMA1X 等协议一样，是无线传输协议的一种，只不过与它们不同的是它是无线局域网中的一种传输协议而已，与现行的 802.11B 传输协议比较相近。

2）WAPI 与现行的 802.11B 有什么不同？

无线局域网的传输协议有很多种，包括 802.11A、802.11B、802.11G 等，其中以 802.11B 最为普及和流行，目前包括迅驰和联想最新的关联计算机在内的大多数无线网络产品所采用的都是 802.11B 的传输协议，它是由美国非赢利机构 Wi-Fi 组织制定和进行认证的，而 WAPI 则由 ISO/IEC 授权的 IEEE Registration Authority 审查获得认可，两者所属的机构不同，其性质自然也不一样。其最大的区别是安全加密的技术不同：WAPI 使用的是一种名为"无线局域网鉴别与保密基础架构（WAPI）"的安全协议，而 802.11B 则采用"有线加强等效保密（WEP）"安全协议。

【项目小结】

学习本项目后，大致了解了无线网络的一些标准，无线网络与有线网络最大的区别就是摆脱了线的束缚，可以提高计算机尤其是便携式计算机的移动性，但是由于无线信号发射的方向具有不确定性，所以，如何提高无线网络的安全性就是一个非常重要的问题了，一般是通过将无线信号进行加密的方法来解决的，在布置无线网络的时候也一定要对无线信号加密。

【独立实践】

项目描述，见表 7-1-1。

表 7-1-1　任　务　单

1	配置一个家庭无线网络
2	将计算机联入该无线网络中

任务一：配置一个家庭无线网络。

任务二：将计算机联入该无线网络中。

【思考与练习】

1）从工作的频段、数据传输速率、优缺点以及它们之间的兼容性等方面，对 IEEE802.11a、IEEE802.11b 和 IEEE802.11g 进行比较。

2）家庭 WLAN 有哪几种方式可进行加密？它们之间有什么区别？

3）WLAN 搭建完成后，该如何测试其连通性？

项目八 使用 Internet 浏览器

> 果果:"小超,我们一起去网上畅游、学习、看故事吧……"
> 小超:"好的,可是我还没有上过网,你能不能教教我,上网要先学什么啊?"
> 果果:"首先要知道上网的必备工具,浏览器,让我们一起学吧。"

【项目描述】
1) IE6.0 的启动和退出;
2) 网页浏览器的基本操作。

【项目需求】
完成该项目需要计算机并且该计算机最好能访问 Internet,利用计算机操作系统中自带的 Microsoft 公司的 Internet Explorer(简称 IE)6.0 及以上版本进行相应操作,无论是搜索新信息还是浏览喜爱的站点,IE 都能让用户在 Internet 上轻松体验。

【相关知识点】
1) 访问 Internet 站点;
2) 相关上网的基本知识,网络的基本配置;
3) 网页浏览器的概念及常见的网页浏览器。

【项目分析】
1) IE6.0 的启动和退出;
2) 网页浏览器的基本操作。

任务一 IE6.0 的启动和退出

【任务描述】
学会 IE6.0 的启动和退出。

【任务实施】

1. IE6.0 的启动

1）双击桌面上的 Internet Explorer 图标，如图 8-1-1 所示。

图 8-1-1　双击"Internet Explorer"图标

2）单击快速启动任务栏中的 Internet Explorer 按钮，如图 8-1-2 所示。

图 8-1-2　单击"Internet Explorer"按钮

2. IE6.0 的退出

1）选择"文件"→"关闭"命令，如图 8-1-3 所示。
2）单击标题栏上的"关闭"按钮；
3）按快捷键 Alt+F4。

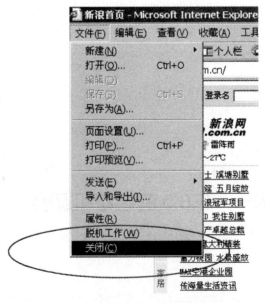

图 8-1-3　单击"关闭"

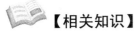【相关知识】

IE6.0 窗口的组成有以下几部分，如图 8-1-4 所示。

1. 窗口顶部区域

它包括标题栏、菜单栏、标准按钮栏、地址栏和链接栏。

1）标题栏：显示当前正在此浏览的页面标题和文档名。

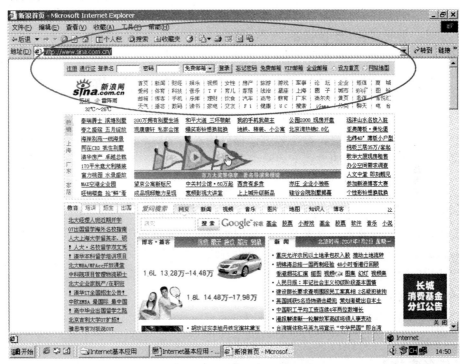

图 8-1-4　IE6.0 窗口

2）菜单栏：提供"文件"、"编辑"、"查看"、"收藏"、"工具"、"帮助"六个命令菜单，其中包含了控制和操作的所有命令。

3）标准按钮栏：提供对应于常用的菜单命令的按钮，以方便用户操作。

4）地址栏：用于输入和显示网页的地址（URL）。

5）链接栏：记录了一些微软推荐的预先设定好的网站地址，以及用户自己列入的比较有用的网址。

2. IE6.0 工具栏

1）后退：用于返回到当前页面之前浏览过的页面。旁边的小按钮可用来选择具体返回到哪一个网页。

2）前进：用于返回到当前页面之后浏览过的页面。

3）停止：用于终止浏览器下载网页。

4）刷新：用于重新下载当前页面的内容。

5）主页：用于重新打开默认的主页（启动 IE 后自动进入的网页）。

6）搜索：用于在窗口左边打开搜索栏，并在该栏中提供搜索引擎。

7）收藏：用于在窗口左边打开收藏夹栏，并在该栏中显示收藏的网站地址。

8）历史：用于在窗口左边打开历史记录栏，按时间顺序显示所有访问过的站点或网页的链接。

9）邮件：用于打开默认的邮件程序，撰写或收发邮件。

10）字体：用于改变页面所用字体的样式或大小。

11）打印：用于打印当前页面。

12）编辑：用于启动页面编辑器，并在该编辑器中打开当前页面。

任务二 网页浏览器的基本操作

果果同学第一次接触网络，希望知道计算机接入网络后，应如何更好地通过浏览器浏览网页上的信息，并使用不同的方式下载网络上的资源。

【任务描述】

要实现果果同学的要求，首先要了解常用浏览器的使用方法和常用的菜单及快捷方式，掌握使用浏览器或者专用软件下载网络资源的方法，主要工作如下：

1）使用 IE 浏览器浏览网页；

2）使用 IE 浏览器下载网络资源；

3）使用专用软件下载网络资源。

【任务实施】

1）计算机接入因特网后，打开 Windows 操作系统自带的 IE 浏览器，如图 8-2-1 所示。

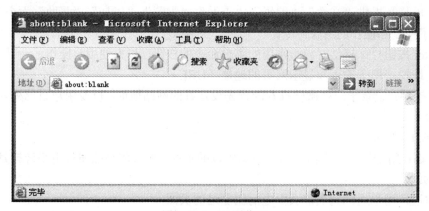

图 8-2-1 IE 浏览器

2）在地址栏中输入要访问的网址，如浏览搜狐网，则输入"www.sohu.com"即可，如图 8-2-2 所示。

项目八　使用 Internet 浏览器

图 8-2-2　搜狐网首页

3）至此就可以浏览网页了，可以点击感兴趣的链接访问下一级页面。

4）某些网站设置点击链接后的下一级页面在同一浏览器窗口中显示，如果访问者希望打开新的窗口访问，可以右击要访问的超级连接，在弹出的快捷菜单中选择"在新窗口中打开"命令即可。

5）如果用户希望保存网络中的某些信息，则可以直接在浏览器中保存；如希望保存网页中的某个图片，可以用右击该图片，在弹出的快捷菜单中选择"图片另存为"命令，然后选择保存图片的地址，如图 8-2-3 所示。

图 8-2-3　保存图片

6）如果希望从网络中下载一些软件或压缩文件，则可以在相关页面中右击该文件，在弹出的快捷菜单中选择"文件另存为"命令，然后选择保存目录保存即可。

7）下载文件也可以单击一些下载页面中的专用下载链接，根据网络情况选择不同的下载链接，如图 8-2-4 所示。

图 8-2-4　选择下载链接地址

图 8-2-5　使用下载工具下载

8）如果用户安装了专用的下载工具，则可以选择要下载的页面，右击下载链接，在弹出的快捷菜单中选择"使用下载工具下载"命令，如图 8-2-5 所示。

9）使用下载工具的优点是方便管理，并且支持断点续传。也就是说，遇到网络中断或计算机重新开机之后可以继续下载文件，如图 8-2-6 所示。

10）如上图所示，通过专用下载工具可以查看和改变下载状态，以及查看当前下载文件的相关信息等内容。

图 8-2-6　下载中的状态

【理论知识】

网页浏览器是显示网页服务器或档案系统内的文件，并让用户与这些文件互动的一种软件。它用来显示在万维网或局域网络内的文字、影像及其他信息。这些文字或影像可以是连接其他网址的超链接，所以用户可迅速及轻易地浏览各种信息。网页一般是 HTML 的格式，有些网页需使用特定的浏览器才能正确显示。个人计算机上常见的网页浏览器包括微软的 Internet Explorer、Mozilla 的 Firefox、Apple 的 Safari、Opera、HotBrowser，以及 Google 的 Chrome。浏览器是最经常用到的客户端程序。万维网是全球最大的连接文件网络文库。表 8–1–1 为常见的浏览器及下载地址。

表 8–1–1　常见浏览器及下载地址

浏览器名称	下　载　地　址
Internet Explorer	http：//www.microsoft.com/downloads/
Maxthon（遨游）	http：//www.maxthon.cn/
Google（谷歌）浏览器	http：//www.google.com/chrome/?hl=zh-CN
TheWorld Browser（世界之窗）	http：//www.ioage.com/cn/
搜狗浏览器	http：//ie.sogou.com/
超速浏览器	http：//www.chaosu.com/
Safari（Apple）	http：//www.apple.com/safari/
腾讯 TT	http：//tt.qq.com/
Opera	http：//cn.opera.com/
eYou Browser（易游）	http：//www.eyou001.com/
GreenBrowser 浏览器	http：//dl.pconline.com.cn/html_2/1/104/id=7607&pn=0.html
360 安全浏览器	http：//se.360.cn/
Mozilla Firefox（火狐）	http：//www.mozillaonline.com/

下载（DownLoad）常简称 Down，就是通过网络进行传输文件并保存到本地计算机上的一种网络活动，也指把信息从因特网或其他电子计算机上输入到某台电子计算机上，也就是把服务器上保存的软件、图片、音乐、文本等下载到本地计算机中。

广义上说，凡是在屏幕上看到的不属于本地计算机上的内容，都是通过下载得来的。狭义上，人们只认为那些自定义了下载文件的本地磁盘存储位置的操作才是下载。下载（Download）的反义词是上传（Upload）。

当前用户在下载时主要采用以下几种方式。

1. 使用浏览器下载

这是许多上网初学者常使用的方式，它操作简单方便，在浏览过程中，只要点击想下载的链接（一般是.zip、.exe 之类），浏览器就会自动启动下载，然后只要给下载的文件找个存放路径即可。

2. 使用专业软件下载

专业下载软件使用文件分切技术，即把一个文件分成若干份同时进行下载，这样下载软件时就会感觉比浏览器下载快得多。更重要的是，当下载出现故障断开后，下次下载仍旧可以接着上次断开的地方下载。常见的下载工具有迅雷、网际快车和网络蚂蚁等。

3. 通过邮件下载

此方式可能是最省事的了。因为只要向因特网上的 FTPmail 电子邮件网关服务器发送下载请求，服务器就会将所需的文件邮寄到所指定的信箱中，也就可以像平时收信那样来获得所需的文件了。可以采用专业的邮件下载工具，如 Mr cool、电邮卡车 E-mail Truck 等，只要给它一个文件下载地址和信箱，剩下的就可由它总代理了。

【知识拓展】

1）如果需要经常访问某一个网站，可以选择"收藏"→"添加到收藏夹"命令，如图 8-2-7 所示。

图 8-2-7　添加到收藏夹

2）以后要访问就可以单击工具栏中的 ☆收藏 按钮，然后选择收藏的网站即可访问。

3）如果希望访问之前访问过的网站，但又不记得网址，则可以单击工具栏中的 按钮，在浏览器中打开访问过的历史记录，如图 8-2-8 所示。

图 8-2-8　浏览历史记录

4）如果由于网速较慢等原因导致浏览器页面不能完全显示，则可以单击 按钮来刷新该页面。

【提示】

页面刷新也可以使用 F5 键实现。

5）单击 搜索 按钮可以在文本框中输入要访问页面的关键字，来访问搜索到的页面。

6）单击 后退 、 两个按钮可以分别实现在同一个浏览器窗口中访问当前页面之前或之后访问过的页面。

【项目小结】

本项目让学生学会使用 IE 浏览器，并 Internet 上获取丰富的资源。本项目重点介绍了 IE 的使用、设置等方法。

【独立实践】

1）启动 IE6.0，分别打开搜狐（http：//www.sohu.com）、网易（http：//www.163.com）、新浪（http：//www.sina.com.cn）。

2）将搜狐的主页面保存在"我的文档"文件夹中，取名为"sohu.html"。

3）将 www.google.cn 网页添加到收藏夹"搜索"文件夹中，取名为"谷歌"。

4）下载 GreenBrowser 浏览器，安装后试用此浏览器。

5）将新浪首页的新浪标志图片保存在"桌面"上，取名为"sina_logo"。

【思考与练习】

1）简述网页浏览器的概念。

2）何为上传和下载？

3）简述常见的网页浏览器，并简要分析两个浏览器的特点。

项目九　畅游 Internet

> 远在澳大利亚的表哥后天就要过生日了，我想给他发去最真的祝福及生日贺卡，还想发去一段姑妈对表哥说话的录音，赶紧上网吧，利用 Internet 来实现它，利用电子邮箱就可以发信及贺卡，利用 QQ 或 MSN 就可以发去录音，利用博客也可以实现它，同时记录自己的人生经历，展示自我，共历成长。

【项目描述】

果果同学以前接触过关于网络的一些基本知识，在系统地学习计算机网络技术的相关内容之后，想要更加全面地了解 Internet 及其主要的应用和因特网的主要功能，以便将来更好地使用互联网，以及更好地让互联网提供各种服务。

【项目需求】

实现该项目需要计算机一台，并要求能接入 Internet。

【相关知识点】

因特网（Internet），又称为国际互联网，是一组全球信息资源的总汇。有一种粗略的说法，认为 Internet 是由许多小的网络（子网）互联而成的一个逻辑网，每个子网中连接着若干台计算机（主机）。Internet 以相互交流信息资源为目的，基于一些共同的协议，并通过许多路由器和公共网互联而成，它是一个信息资源和资源共享的集合。计算机网络只是传播信息的载体，而 Internet 本身具有优越性和实用性。因特网最高层域名分为机构性域名和地理性域名两大类，目前主要有 14 种机构性域名。

因特网的前身是美国国防部高级研究计划局（ARPA）主持研制的 ARPAnet。

1974 年出现了连接分组网络的协议，其中就包括了 TCP/IP——网际互联协议 IP 和传输控制协议 TCP。这两个协议相互配合，其中，IP 是基本的通信协议，TCP 是帮助 IP 实现可靠传输的协议。

TCP/IP 有一个非常重要的特点，就是开放性，即 TCP/IP 的规范和 Internet 的技术都是公开的。其目的就是让任何厂家生产的计算机都能相互通信，使 Internet 成为一个开放的系统。这也是后来 Internet 得到飞速发展的重要原因。

【项目分析】

1) 查询信息。利用网络这个全世界最大的资料库，借助一些供查询信息的搜索引擎从浩如烟海的信息库中找到所需的信息。随着我国"政府上网"工程的发展，人们日常的一些事物完全可以在网络上完成。

2）接发电子邮件是最早也是最广泛的网络应用。由于其低廉的费用和快捷方便的特点，迅速地被人们接受和应用起来。它仿佛缩短了人与人之间的空间距离，甚至身在异国他乡与朋友进行信息交流或联络工作感觉都如同与隔壁的邻居聊天一样。

3）上网浏览或冲浪，这是网络提供的最基本的服务项目。人们可以访问网站，并根据自己的兴趣在网上畅游，能够做到足不出户尽知天下事。

4）沟通无限：利用 QQ 或 MSN 可以实现沟通交流，消除彼此空间的距离感，让大家在因特网上实现沟通无限。

5）博客：展示自我，发现未来。现在网络中的博客越来越多，很多同学和朋友也都有了自己的个人博客，以便于在网上实现记录个人日志、上传自己的照片、建立自己的音乐专辑等个性化的功能，并且希望通过自己的博客交到更多志同道合的网友。

任务一　使用搜索引擎检索信息

果果计划利用暑假期间去苏州旅游，并希望了解苏州的一些旅游情况，想了解苏州园林的情况，并且能够查看苏州地图，去苏州前在网上搜索一些有关苏州园林及苏州旅游方面的情况。

【任务描述】

要实现果果同学的要求，即要掌握使用常用搜索引擎的方法，总结出搜索信息的关键词；了解和掌握网络地图的使用方法；主要有以下工作：

1）使用 Google、百度等常用搜索引擎查询基本信息；

2）使用 Google 地图的方法。

【任务实施】

1）在搜索引擎中输入要查询信息的关键词，如果关键词为两个或两个以上，则可以使用空格分开，根据果果的要求，下面以 Google 为例，如图 9-1-1 所示。

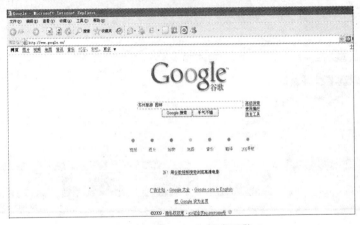

图 9-1-1　Google 搜索引擎

2）单击"Google 搜索"按钮，可以查看搜索到的相关网页链接，如图 9-1-2 所示。

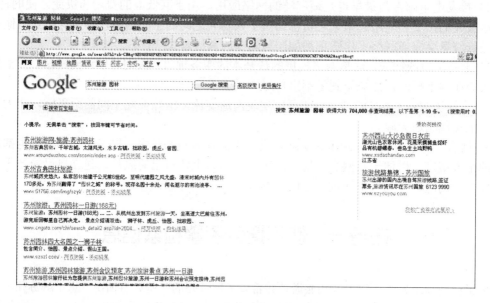

图 9-1-2　Google 搜索结果

3）点击搜索结果中感兴趣的相关网页链接，即可查看相关页面，如图 9-1-3 和图 9-1-4 所示。

图 9-1-3　打开搜索"苏州旅游"结果

图 9-1-4 打开搜索"苏州园林"结果

4)如果希望查找各地地图,可以在 Google 首页中单击"搜索地图"按钮或者直接在浏览器地址栏中输入"http：//ditu.google.cn/",然后输入相应的关键词,如图 9-1-5 所示。

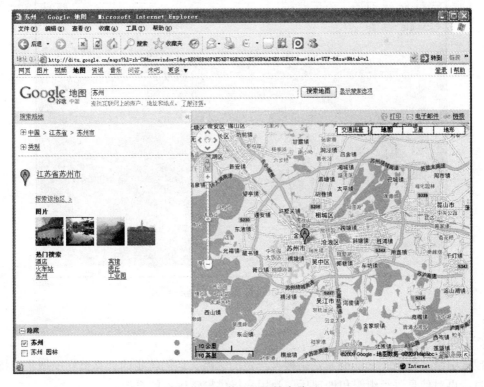

图 9-1-5 苏州地图搜索结果

5）可以双击地图或单击地图左侧的显示比例标尺，来放大或缩小地图显示比例，如图 9-1-6 所示。

图 9-1-6　地图搜索放大缩小显示比例

◎ 知识链接

　　在 Google 中可以单击地图右上角的"卫星"按钮查看 Google 卫星照片，以便更加具体形象地了解相关的地理信息，如图 9-1-7 所示。

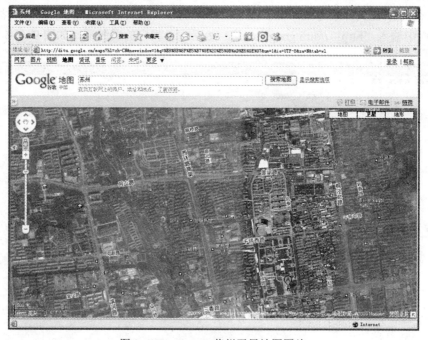

图 9-1-7　Google 苏州卫星地图图片

【理论知识】

　　搜索引擎（Search Engine）是指根据一定的策略、运用特定的计算机程序搜集因特网上的信息，再对信息进行组织和处理后，为用户提供检索服务的系统。

搜索引擎是对因特网上的信息资源进行搜集整理，然后供用户查询的系统。它包括信息搜集、信息整理和用户查询三部分。

搜索引擎是一个提供信息"检索"服务的网站，它使用某些程序把因特网上的所有信息归类以帮助人们在茫茫网海中搜寻到所需要的信息。

早期的搜索引擎是把因特网中的资源服务器的地址收集起来，由其提供的资源的类型不同而分成不同的目录，再一层层地进行分类。人们要找到自己想要的信息可按它们的分类一层层进入，就能最后到达目的地，找到自己想要的信息。这其实是最原始的方式，只适用于因特网信息并不多的时候。而随着因特网信息按几何式增长，出现了真正意义上的搜索引擎，这些搜索引擎知道网站上每一页的开始，随后搜索因特网上的所有超级链接，把代表超级链接的所有词汇放入一个数据库。这就是现在搜索引擎的原型。搜索引擎按其工作的方式可分为两类：一类是分类目录型的检索，它把因特网中的资源收集起来，因其提供的资源的类型不同而分成不同的目录，再一层层地进行分类，人们要找到自己想要的信息可按它们的分类一层层进入，最后就能到达目的地，找到自己想要的信息；另一类是基于关键词的检索，可以用逻辑组合方式输入各种关键词（Keyword），搜索引擎会根据这些关键词寻找用户所需资源的地址，然后根据一定的规则反馈给用户包含此关键词信息的所有网址和指向这些网址的链接。随着因特网信息按几何式的增长，这些搜索引擎利用其内部的一个叫网络蜘蛛（Spider）的程序，自动搜索网站每一页的开始，并把每一页上代表超级链接的所有词汇放入到一个数据库中，供用户来查询。

搜索引擎的工作原理大致可以分为以下几点。

1）搜集信息：搜索引擎的信息搜集基本都是自动的。搜索引擎利用称为网络蜘蛛的自动搜索机器人程序来连上每一个网页上的超链接。机器人程序根据网页链接到其他上的超链接，就像日常生活中所说的"一传十，十传百……"一样，从少数几个网页开始，连到数据库上所有到其他网页的链接。理论上，若网页上有适当的超链接，机器人便可以遍历绝大部分网页。

2）整理信息：搜索引擎整理信息的过程称为"建立索引"。搜索引擎不仅要保存搜集起来的信息，还要将它们按照一定的规则进行编排。这样，搜索引擎根本不用重新翻查它所有保存的信息就可以迅速找到所要的资料。想象一下，如果信息是不按任何规则随意堆放在搜索引擎的数据库中，那么它每次找资料就都得把整个资料库完全翻查一遍，如此一来再快的计算机系统也是没有用的。

3）接受查询：用户向搜索引擎发出查询，搜索引擎接受查询并向用户返回资料。搜索引擎每时每刻都要接到来自大量用户的几乎是同时发出的查询，它按照每个用户的要求检查自己的索引，在极短时间内找到用户需要的资料，并返回给用户。目前，搜索引擎返回的主要是以网页链接的形式提供的，通过这些链接，用户便能到达含有自己所需资料的网页。通常搜索引擎会在这些链接下提供一小段来自这些网页的摘要信息以帮助用户判断此网页是否含有自己需要的内容。

当前常用的中文搜索引擎主要有以下几种。

- 百度　http：//www.baidu.com/
- Google　http：//www.google.cn/
- 雅虎　http：//search.cn.yahoo.com/
- 常青藤　http：//www.tonghua.com.cn
- 网易　http：//www.netease.com
- 搜罗中文　http：//solo.szonline.net

- 悠游中文　http：//www.goyoyo.com
- 搜狐搜索引擎　http：//www.sohu.com
- ET 中文导航　http：//www.et.com.cn
- 新浪网　http：//www.sina.com.cn
- TOM 搜索引擎　http：//i.tom.com/
- 搜索天下网　http：//www.sogowang.com
- 飞客 BT 搜索引擎　http：//bt.fkee.com/
- 指南针　http：//compass.net.edu.cn
- 找到啦　http：//www.zhaodaola.com.cn

任务二　使用电子邮件

要实现果果同学的愿望，需要先登录一个提供电子邮箱服务的网站，然后注册一个账户，设置密码等相关参数。

【任务描述】

果果同学计划通过网络给外地的小学同学发送一封电子邮件，但是果果从没有利用过网络来发送邮件，所以需要先申请一个电子邮箱。

【任务实施】

1）启动 IE 浏览器。启动 IE 浏览器的方法有两种。
① 选择"开始"→"所有程序"→Internet Explorer 命令。
② 如果桌面上创建了 IE 浏览器快捷图标，双击该快捷图标即可。
2）选择一个提供免费邮箱的网站进入，以 126 免费电子邮箱为例，进入该网站。如图 9-2-1 所示。

图 9-2-1　126 免费邮箱网站

3）进入注册邮箱窗口。单击"立即注册"按钮进入注册窗口，如图 9-2-2 所示。

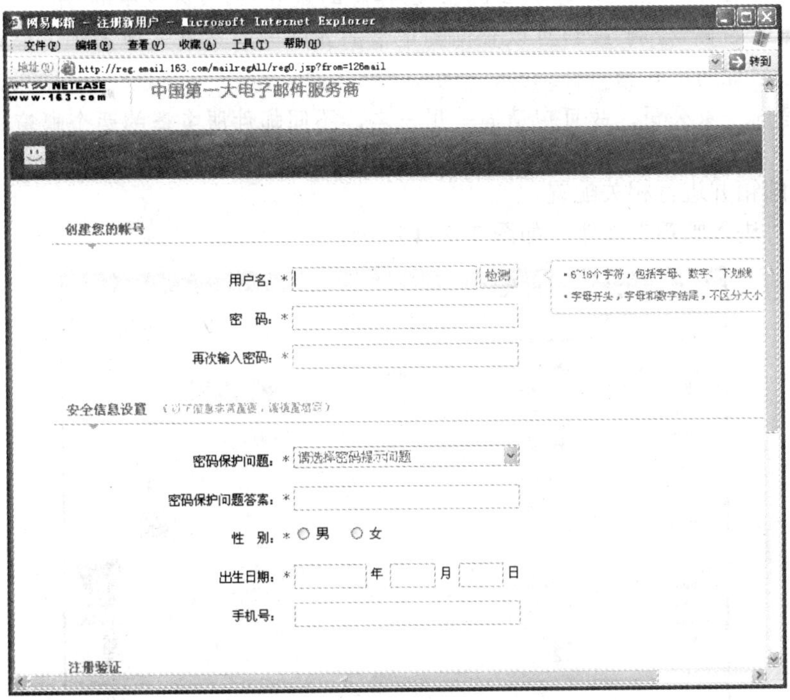

图 9-2-2　126 免费邮箱注册

输入用户名、密码、密码保护问题及答案、性别、出生日期、手机号等信息，单击"创建账号"按钮，如图 9-2-3 所示。

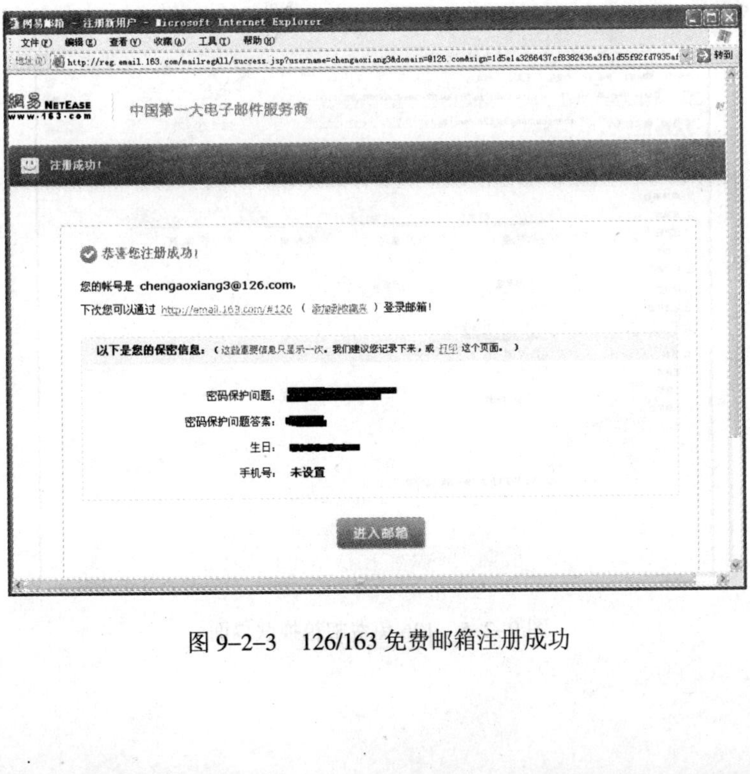

图 9-2-3　126/163 免费邮箱注册成功

◎ 知识链接

    进入图 9-2-2 申请免费邮箱界面，在"创建您的账号"选项区域中的"用户名"文本框中输入用户名，单击右侧"检测"按钮可以查询到申请的此账号有无别人申请了，如果你的用户名无别人申请会出现两个邮箱供你选择，一个是***@126.com，一个是***@163.com，由于 126 和 163 邮箱是同一家公司，故可申请同一用户名，不同邮件服务器的两个邮箱。

4）登录邮箱并进行相关配置。

① 单击"进入邮箱"按钮，如图 9-2-4 所示。

图 9-2-4　126 免费邮箱进入后界面

② 单击"换肤"按钮，选择自己喜欢的主题颜色。如图 9-2-5 所示。

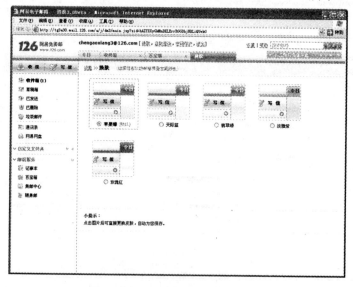

图 9-2-5　126 免费邮箱换肤界面

③ 单击"设置"按钮,进入"邮箱设置"界面,对自己邮箱进行相关设置。如图 9-2-6 所示。

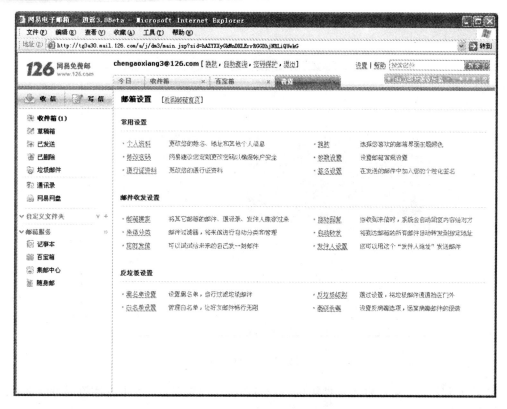

图 9-2-6　126 免费邮箱设置界面

5)邮箱设置完成后,可单击"退出"按钮,正常退出电子邮箱。

任务三　收发电子邮件

果果同学申请了一个电子邮箱后,希望能够接收同学发送过来的电子邮件并进行回复,也希望能够向其他同学发送一封电子邮件,还希望掌握电子邮件的一些设置方法。

【任务描述】

要实现果果同学的任务目标,需要掌握利用电子邮箱接收邮件、回复邮件及发送邮件等基本功能,主要任务如下:
1)写邮件并发送。
2)接收邮件并回复。
3)新建联系人并将联系人分组。
4)设置电子邮箱的相关参数。

【任务实施】

1）邮箱申请成功后，登录"http：//www.126.com"，输入用户名和密码登录邮箱，如图9-3-1所示。

图 9-3-1　登录邮箱

2）进入邮箱后，可以看到收件箱里有一封系统发送的邮箱，单击收件箱后可以查看收件箱，如图 9-3-2 所示。

图 9-3-2　收件箱

3）可以单击收件箱中的邮件，查看邮件内容，如图 9-3-3 所示。

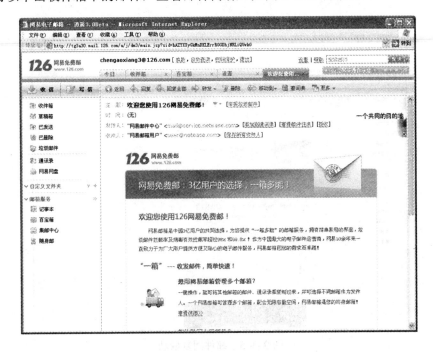

图 9-3-3　查看邮件内容

4）单击 返回 回复 转发 删除 移动 中的"返回"按钮可以回到收件箱页面，单击"回复"按钮便可以给发件人回复信息，如图 9-3-4 所示。

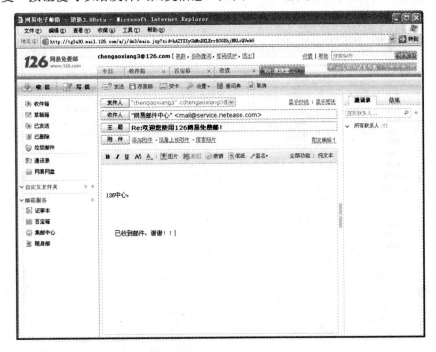

图 9-3-4　回复邮件

5）单击 发送 按钮，可以回复该邮件，发送成功后，系统会提示发送成功，如图9-3-5所示。

图9-3-5　邮件回复成功

6）要给好友写信，新建一个邮件可以直接单击 写信 按钮，如图9-3-6所示，在"收件人"下拉列表框中输入你要发给好友的邮箱地址，再在"主题"文本框中输入"主题"，在正文区输入你要发给对方信件的内容。

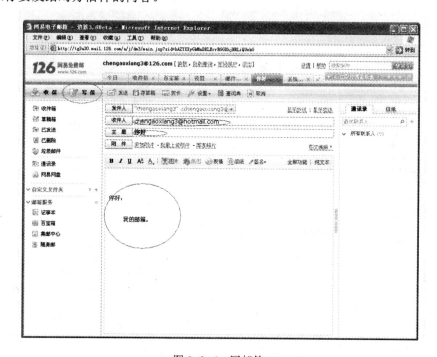

图9-3-6　写邮件

◎ 知识链接

如果同一个信件想给多个好友发送,在收件人的地址栏中输入收件人的电子邮箱地址,用逗号隔开即可。

7)如果希望在邮件中发信的同时粘贴一些图片、文档等文件,可以单击"添加附件"按钮,在弹出的对话框中选择本地需要上传的文件,如图9-3-7所示。

图 9-3-7 选择粘贴附件文件

8)粘贴后可以看到邮件中有粘贴上的文件,对于不想要的文件可以单击 ✖ 按钮来删除,确认邮件主题和内容后,可以单击"发送"按钮发送邮件。

9)邮件发送后,可以看到在"已发送"信箱中提示有一封邮件发送,如图9-3-8所示。

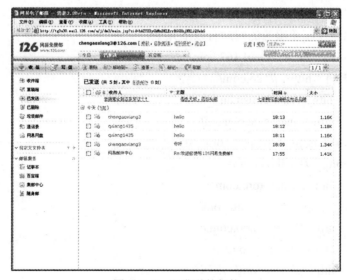

图 9-3-8 已发送的邮件

◎ 知识链接

　　某些文件在本地计算机中被删除或其他原因导致丢失后，如果以前作为附件发送过邮件，则可以进入"已发送"的邮件箱中下载相关文件，如果发送的文件所带附件过大，那么这些文件将不在"已发送"的邮件箱中。

【理论知识】

　　电子邮箱是通过网络电子邮局为网络客户提供的网络交流电子信息空间。电子邮箱具有存储和收发电子信息的功能，是因特网中最重要的信息交流工具之一。在网络中，电子邮箱可以自动接收网络中任何电子邮箱所发的电子邮件，并能存储规定大小的多种格式的电子文件。电子邮箱具有单独的网络域名，其电子邮局地址在@后标注。

　　电子邮箱业务是一种基于计算机和通信网的信息传递业务，是利用电信号传递和存储信息的方式，为用户提供传送电子信函、文件数字传真、图像和数字化语音等各种类型的信息。电子邮件最大的特点是人们可以在任何地方任何时间收、发信件，解决了受时空限制的问题，极大地提高了工作效率，为办公自动化和商业活动提供了很大的便利。

　　1）电子邮箱的主要功能有如下几个。

　　① 收发信件——利用电子邮箱，用户不但可以发送普通信、挂号信、加急信，也可以要求系统在对方收到信件后回送通知，或阅读信件后送回条等。另外，还有定时发送、读信后立即回信或转发他人及多址投送（一封信同时发给多人）等功能。用户可以直接在邮箱内写信，对方将收到的信件归类存档，删除无用信件。

　　② 直接投送——若对方是非邮箱用户，则可以将信件直接送到对方的传真机、电传机、打印机或分组交换网的计算机上。

　　③ 布告栏——供大家使用的公告邮箱，用户可以向此邮箱发送自己希望发布的信息，以供大家阅读。布告栏适于公告、发布通知和广告。

　　④ 漫游功能——利用分组交换网（CHINAPAC）可以实现全国漫游。

　　现在主要提供电子邮箱服务的网站有以下几个。

- 网易 163 邮箱　http：//mail.163.com/
- 网易 126 邮箱　http：//126.com/
- MSN 邮箱　http：//www.msn.cn
- 新浪邮箱　http：//mail.sina.com.cn/
- Foxmail 邮箱　http：//foxmail.com
- QQ 邮箱　http：//mail.qq.com/
- TOM 邮箱　http：//mail.tom.com/
- 搜狐闪电邮　http：//mail.sohu.com/
- 雅虎邮箱　http：//mail.yahoo.com.cn/
- Gmail 邮箱　http：//gmail.com/
- eYou 邮箱　http：//eyou.com/

　　2）电子邮件地址。

由于 E-mail 是直接寻址到用户的，而不仅仅是寻址到计算机，所以个人的名字或有关说明也要编入 E-mail 地址中。电子邮件地址如真实生活中人们常用的信件一样，有收信人姓名、收信人地址等，Internet 的电子邮箱地址组成如下：

用户名@邮件服务器。

地址表明以用户名命名的信箱是建立在符号@后面说明的邮件服务器上，该服务器就是向用户提供电子邮政服务的"邮局"。例如：qxiang2000@163.com，这里 qxiang2000 就是某人的电子邮箱名称，163.com 则是邮件服务器的域名。

【知识拓展】

电子邮箱在使用过程中，不同的用户会有不同的个性化要求，这就需要对邮箱进行一些属性和功能的设置，主要有以下一些内容。

1）在邮箱中单击"通讯录"标签，如图 9-3-9 所示。

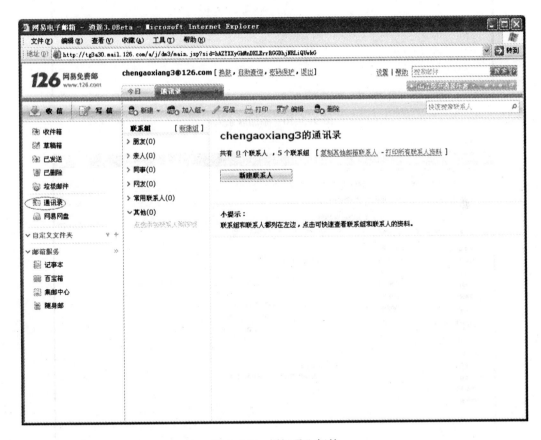

图 9-3-9 "通讯录"标签

2）单击"新建联系人"按钮，添加联系人的电子邮箱及其他信息，如图 9-3-10 所示。

3）如果需要填写更详细的信息，可以单击"添加更详细信息"按钮，信息添加完成后，单击"确定"按钮即可，如图 9-3-11 所示。

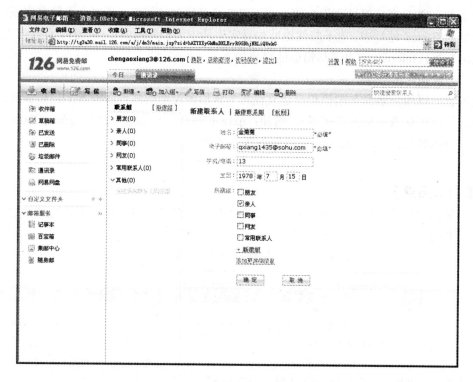

图 9-3-10 添加联系人

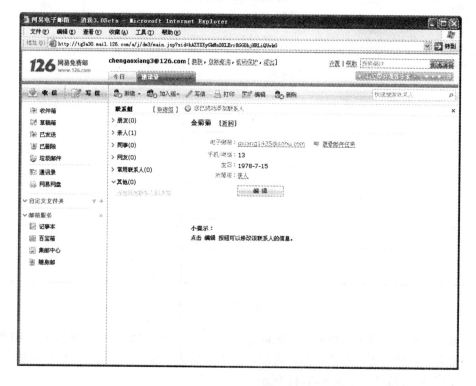

图 9-3-11 联系人添加完成

4）单击页面右上角的"设置"按钮，可以进入邮箱属性设置页面，如图 9-3-12 所示。

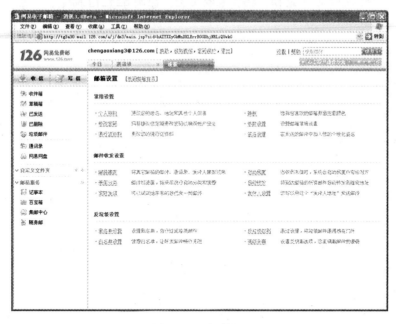

图 9-3-12　邮箱设置

邮箱设置中可以对"个人资料"、"换肤"、"修改密码"、"参数设置"、"签名设置"、"自动回复"、"黑名单设置"、"反垃圾级别"等内容进行相应的设置。

5）如果希望邮箱自动回复来信，可以单击"自动回复"按钮，在"回复内容"文本框中输入自动回复的内容，如图 9-3-13 所示。

图 9-3-13　使用自动回复

6）如果用户希望在发送及回复的邮件当中加入自己的个性化签名，则可以单击"签名设置"标签，单击"添加签名"按钮，输入签名内容，如图 9-3-14 所示。

图 9-3-14 设置个性签名

任务四 使用即时通信软件

果果同学在上网过程中，已经能够熟练使用电子邮件与同学联系，但是为了进一步和外地的同学进行沟通和信息传送，希望使用一种即时通信工具来实现。

【任务描述】

要实现果果同学的任务目标，就需要了解当前即时通信工具软件的发展情况，了解大部分使用的即时通信工具有哪些，及各有什么优缺点。综上所述，下面应主要掌握以下内容：

1）即时通信工具软件的安装和配置。
2）添加联系人。
3）信息交流。
4）发送和接收图片等文件。

【任务实施】

以当前应用最广的腾讯 QQ 为例，主要工作如下：

1）登录腾讯网 www.qq.com，在腾讯软件中心下载腾讯 QQ，如图 9-4-1 所示。

图 9-4-1　QQ 网页

2）点击图 9-4-1 中的"QQ 软件"超链接后，出现图 9-4-2 所示的界面。

图 9-4-2　软件下载页面

3）点击图 9-4-2 中的"下载"超链接，弹出图 9-4-3 所示的对话框，单击"保存"按钮即可将 QQ2009SP2 软件下载下来。

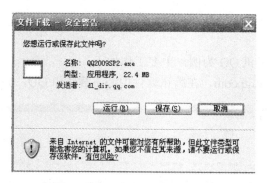

图 9-4-3　下载 QQ2009SP2.exe

◎ 提示

如果计算机上装有迅雷、网际快车、网络蚂蚁等下载工具，则将打开这些工具的窗口，选择下载软件的存放位置，单击"立即下载"按钮即可，如图 9-4-4 所示。

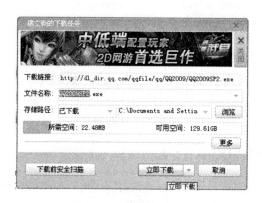

图 9-4-4　迅雷软件下载

4）下载好 QQ2009SP2 后，双击安装 QQ2009SP2 后，即可运行，如图 9-4-5 所示。

选中图 9-4-5 中"我已阅读并同意软件许可协议和青少年上网安全指导"复选框，并单击"下一步"按钮，弹出图 9-4-6 所示的对话框。

图 9-4-5　安装腾讯 QQ2009

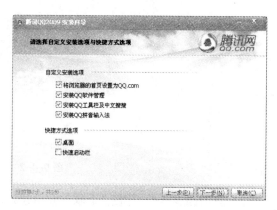

图 9-4-6　安装向导

继续单击"下一步"按钮，进入图 9-4-7 界面，选择程序安装目录，如果选择默认则 QQ 软件将装在 C:\Program files\Tencent\QQ 下，如需修改安装目录，则单击"浏览"按钮。

继续单击上图所示的"安装"程序进入安装，最后安装完成，如图 9-4-8 所示，单击"完成"按钮即可完成 QQ 软件的安装过程。

图 9-4-7 选择安装路径　　　　　　　　　图 9-4-8 安装完成

5）QQ 软件安装完成后，将弹出图 9-4-9 所示的 QQ2009 软件登录界面。

6）第一次使用 QQ，需要申请一个新的账号，单击"注册新账号"按钮，QQ 支持 3 种账号申请方式，用户可以根据自己的需求选择，如图 9-4-10 所示。

7）单击"网页免费申请"，选择要申请的账号类型，进入图 9-4-11 所示的页面。

图 9-4-9 QQ 登录界面

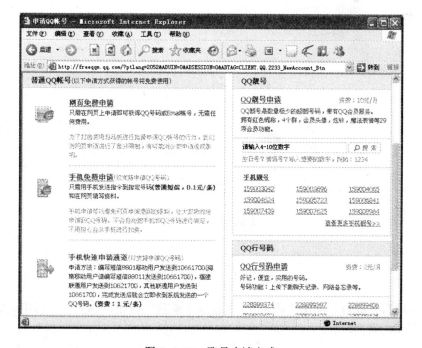

图 9-4-10 账号申请方式

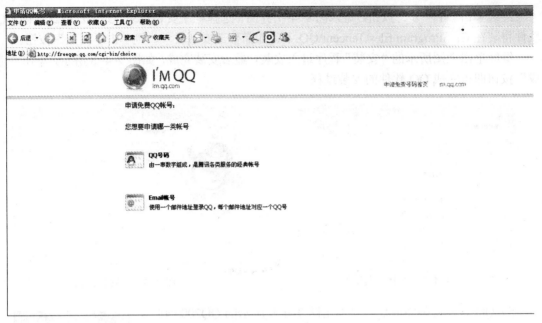

图 9-4-11　选择账号类型

8）单击"QQ 号码"，在弹出的页面中填写个人基本信息，如图 9-4-12 所示。

图 9-4-12　填写基本信息

9）信息填写完成后，单击"确定 并同意以下条款"按钮，QQ 号码将申请好，并进入图 9-4-13 所示的页面。

项目九　畅游 Internet

图 9-4-13　QQ 号码申请成功

◎ 提示

建议用户记好个人的基本信息、密码，同时为防止密码被盗后能找回建议用户申请密码保护，以免密码被盗或者忘记后不能登录腾讯 QQ。

10）申请 QQ 号码之后，在登录界面中输入 QQ 号码及密码，单击"登录"按钮，登录 QQ，如图 9-4-14 所示。

11）新使用的腾讯 QQ 中没有联系人，用户可以单击下面的"查找"按钮，弹出"查找联系人/群/企业"页面，如图 9-4-15 所示。

图 9-4-14　腾讯 QQ

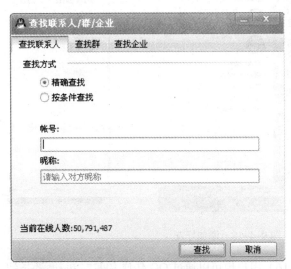

图 9-4-15　查找联系人

12）用户如果知道联系人的账号或昵称则可以进行精确查找，也可以指定条件，并按条件查找，如图9-4-16所示。

13）可以在查找到的联系人列表中选择要找的联系人，如图9-4-17所示。

图9-4-16 按条件查找

图9-4-17 联系人列表

14）选择要添加的用户，单击如上图9-4-15所示，输入你的好友的QQ号码，将对方加为好友，效果如图9-4-18所示。

15）至此，可以双击好友的头像进行对话了，如图9-4-19所示。

图9-4-18 添加好友

图9-4-19 打开对话窗口

16）用户也可以通过QQ传送文件，单击 按钮，在下拉菜单中选择"直接发送"命令，在本地计算中机选择要发送的文件，即可发送，接收端收到接收文件提示，如图9-4-20所示。

图 9-4-20 接收文件

17）接收端用户单击"接收"按钮即可将文件下载到本地计算机中。

18）QQ 软件中还有视频聊天、语音对话、远程协助等众多内容，此处不再详细说明，请大家自学完成其他功能。

【理论知识】

即时通信（Instant Messaging，IM）：通过即时通信功能，可以知道你的亲友是否正在线上，可与他们即时通信。即时通信比传送电子邮件所需时间更短，而且比拨电话更方便，无疑是网络年代最方便的通信方式。

即时通信是一个终端服务，允许两人或多人使用网路即时地传递文字信息、档案、语音与视频交流。

即时通信软件是通过即时通信技术来实现在线聊天、交流的软件，目前中国最流行的有 QQ、MSN、POPO、UC 和 LAVA-LAVA 等，而国外主要使用 ICQ 和 MSN。

大部分的即时通信服务提供了 Presence Awareness 的特性——显示联系人名单、联系人是否在线及能否与联系人交谈。

近年来，许多即时通信服务开始提供视频会议的功能，网络电话（VoIP）与网络会议服务开始整合为兼有影像会议与即时信息的功能。于是，这些媒体的区别变得越来越模糊。

【知识拓展】

用户在使用腾讯 QQ 过程中，需要进行一些个性化的设置，如个性签名、头像等，可以通过以下步骤来实现。

1）单击昵称下的"编辑个性签名"，在文本框中输入签名的内容，如图 9-4-21 所示。

2）单击企鹅头像，用户可以选择更换包括头像在内的基本信息，如图 9-4-22 所示。

图 9-4-21 设置个性签名

3）用户可以修改性别、年龄等各种基本信息，然后单击"确定"按钮，如果需要修改系统默认的企鹅头像，则可以更换头像，如图 9-4-23 所示。

图 9-4-22　编辑个人资料

图 9-4-23　选择 QQ 头像

4）选择喜欢的头像图片后，单击"确定"按钮后，回到 QQ 面板即可看到修改后的头像。

5）如果通信双方的计算机都连有麦克风、音箱等硬件设备，则可以单击 按钮进行音频连接，如图 9-4-24 所示。

6）此时，被邀请方可以单击"接受"按钮进行连接。

7）连接成功后，可以看见 QQ 会话窗口右侧的通信状态，用户可以调整音箱音量和麦克风的音量，如图 9-4-25 所示。

图 9-4-24　进行音频连接

图 9-4-25　建立语音连接

8）如果通信双方的计算机都连有摄像头等硬件设备，则可以单击 按钮进行视频连接，连接方法同音频连接类似，在此不作详讲，请自己尝试。另外，QQ 软件还有很多其他功能，如远程协助、QQ 网络硬盘、QQ 空间等众多内容，请自学完成。

任务五　申请与建立个人博客

果果同学发现网络中的博客越来越多，很多同学和朋友也都有了自己的个人博客，于是也希望能够建立一个个人博客，以便于在网上实现记录个人日志、上传自己的照片、建立自己的音乐专辑等个性化的功能，并且希望通过自己的博客能够交到更多志同道合的网友。

【任务描述】

要实现果果同学的任务目标，需要确定建立博客的主题和风格等基本信息，找一家口碑相对较好的网站申请一个博客空间，然后进行设置管理就可以在博客发布信息了。任务分解的主要步骤如下：

1）申请博客空间。
2）确定博客主题和风格。
3）撰写发布日志。
4）上传照片。
5）进行博客设置管理。

【任务实施】

1. 登录网站并注册和讯用户

1）启动浏览器，在地址栏中输入 www.hexun.com，登录到和讯网站，单击网站首页上的"个人门户"链接，如图 9-5-1 所示，启动注册和讯通行证向导。

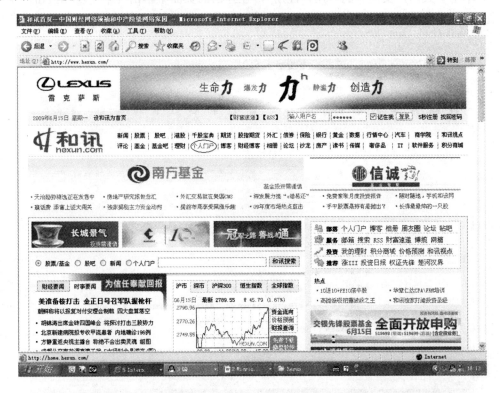

图 9-5-1 "个人门户"超链接

2）单击"个人门户"超链接后，网站会打开图 9-5-2 所示的"个人门户"页面。

图 9-5-2 和讯个人用户窗口

3）单击个人门户页面中的"用户注册"，在弹出的页面中单击"下一步"按钮，系统会弹出图 9-5-3 所示的提示对话框，提示用户填写相关信息，并可以享有和讯公司提供的相关服务。

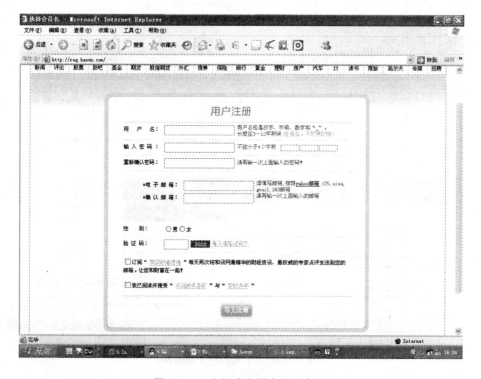

图 9-5-3 和讯个人用户注册窗口

4）填写"用户注册"信息，系统会弹出图 9-5-4 所示的提示对话框，表示您已注册用户成功，需要您到您的邮箱去点击激活一下，如图 9-5-5 所示。

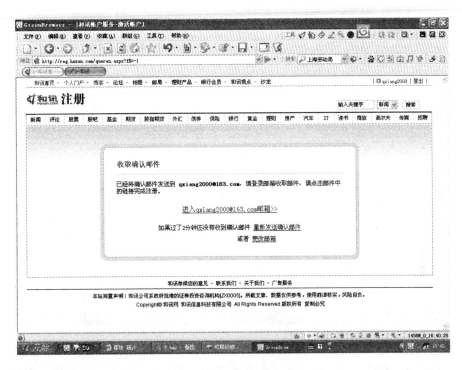

图 9-5-4　注册用户成功窗口

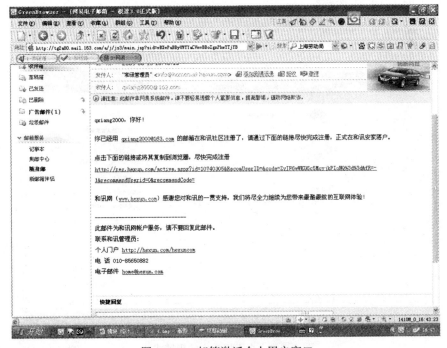

图 9-5-5　邮箱激活个人用户窗口

5）单击后出现图 9-5-6 所示的页面，"恭喜您已经注册成功"，并有两项内容：注册个性域名，不改就是默认的域名；上传个人头像，并单击"确认"按钮。

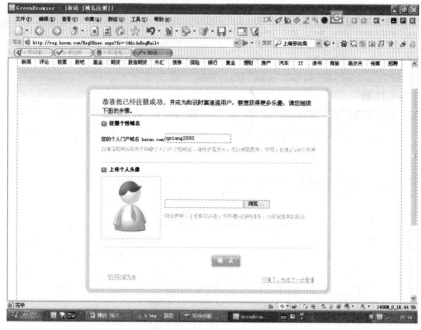

图 9-5-6　恭喜您已经注册成功窗口

6）以上单击"确认"后，就进入了图 9-5-7 所示的页面，这个页面是用户的博客页面，也就是你网上的一个简单家园。

图 9-5-7　个人用户空间申请成功

【理论知识】

1. 博客

Blog 是继 Email、BBS、ICQ 之后出现的第四种网络交流方式。Blog 的全名应该是 Weblog，中文意思是"网络日志"，后来缩写为 Blog，而博客（Blogger）就是写 Blog 的人。实际上，个人博客网站就是网民们通过互联网发表各种思想的虚拟场所。盛行的"博客"网站内容通常五花八门，从新闻内幕到个人思想、诗歌、散文甚至科幻小说，应有尽有。

博客大致可以分成两种形态：一种是个人创作；另一种是将个人认为有趣的、有价值的内容推荐给读者。博客因其张贴内容的差异、现实身份的不同等而有各种称谓，如政治博客、记者博客、新闻博客等。博客的三大主要作用：个人自由表达和出版、知识过滤与积累、深度交流沟通的网络新方式。

目前，国内优秀的中文博客有：博客大巴、新浪博客、网易博客、搜狐博客、Blogcn、和讯博客、QQ 空间、天极博客、天涯博客、百度空间等。

2. 免费空间

网络空间技术是互联网服务器采用的节省服务器硬件成本的技术，网络空间技术主要应用于 HTTP 服务，即将一台服务器的某项或者全部服务内容逻辑划分为多个服务单位，对外表现为多个服务器，从而充分利用服务器硬件资源。如果划分是系统级别的，则称为虚拟服务器。

免费空间就是指网络上免费提供的网络空间，是在网络服务器上划分出一定的磁盘空间以供用户放置站点、应用组件等，提供必要的站点功能与数据存放、传输功能。

3. 网络硬盘

网络硬盘故名思义是网上的硬盘，具有高度移动性和共享的特性，不占用用户任何磁盘空间。你可以保存任何文件到网络硬盘上。在速度上，一般的 adsl 能达到 50 Kbps 左右的速度，可能比 U 盘速度稍慢点。但是如果你使用的是专线，或者是校园网，那么速度一定能超过 U 盘。在安全上，网络硬盘一般都会定期对文件进行备份，你完全可以放心。它还可以防止 U 盘病毒的泛滥。网络硬盘的主要作用如下所述。

（1）分享资源

通过它，好的电影、好的音乐、好的文件，都可以共享给自己的好友。虽然有 QQ 的文件发送，但是在共享这点上，网络硬盘拥有它的优势，可以随时随地发送，只需要上传一次，便可以根据用户的下载速度节省相应的时间，并且可以永久备份。

（2）保存文件，提取文件

当您在外地出差时，需要携带大量的文件，感觉很累吧，若保存在软盘上是不是又发现装不下？而网络硬盘是将用户的文件存放在互联网上，以方便用户"携带"他们的文件，而对文件类型不作限制。使用方便，安全可靠！将你喜爱的东东存放在网络硬盘中，只要有网络，无论您身处何方，随时随地都可以取出来尽其所用。

（3）论坛绑定，外链提供

很多论坛，由于都是虚拟主机，用户要在其中发文件往往会受到很多限制，这个时候网络硬盘的出现刚好弥补了这个缺陷。你可以在网络硬盘里保存文件，然后把文件下载地址粘贴到论坛中去。

另外，你的文件如图片音乐，也可以链接到你的空间、博客中，从而解决了博客不能保存文件的缺陷。

还有很多开网店的朋友，一般发商品的图片都会选择相册，其实现在网络硬盘无论是在性能还是在使用方便性上都不比相册差。

（4）个人网站功能，二级域名

以前你做个人网站的时候是不是会专门去购买个人网站空间呢，它不止价格贵，而且各种限制层出不穷。现在有免费的网络硬盘为什么不用？

首先，个人网站空间和网络硬盘一样，都提供了一些存储的空间，而在这一块上，网络硬盘更专业，也支持多种操作模式。

其次，网络硬盘也支持 ftp 模式，而 ftp 也不再是个人网站空间的优势。

再次，网络硬盘同样支持二级域名。

最后，新型的网络硬盘已经开始支持 asp、asp.net 等动态语言的运行了，甚至还支持数据库的操作。而这一切都是免费的。

【知识拓展】

和讯个人用户开通后，有时间的时候，还可以通过网络对个人用户空间进行维护与管理，因为这一片天空的主人是你。其具体操作步骤如下所述。

1）登录和讯主页如图 9-5-8 所示，进入"个人用户"，输入您注册的用户名和密码，即可进入个人用户。

图 9-5-8　和讯个人门户登录窗口

2）单击"登录"按钮链接后，就可以登录到用户开通的个人用户空间了，并对该空间进行管理与维护，如图 9-5-9 所示。

图 9-5-9　个人用户管理窗口

3）单击"个人设置"，可对"模板选择"、"模块设置"、"自定义 HTML"、"标签管理"、"标签显示"、"友情链接"、"修改密码"、"留言板"等多个内容进行修改，如图 9-5-10 所示。

图 9-5-10　个人用户管理窗口——个人设置

4）单击"个人资料"，可以修改"个人资料"（其中有基本资料、深度资料、生活经历、教育经历、工作经历等进行设置）、"个人经历"等一些内容进行设置，如图 9-5-11 所示。

图 9-5-11　个人用户管理窗口——个人资料

5）单击"博客管理"，可以进行发表文章、文章管理、分类管理、置顶管理、文章草稿、文章回收站、常规设置、标签显示等内容设置，在此不一一作详细讲解。

个人用户的管理与维护工作还有很多内容，如"爱好管理"、"声音"、"相册管理"、"网摘管理"、"音乐"、"订阅"、"我的理财"、"投票"、"城市版"等众多内容，读者可以自己在网络上进行尝试。你有自己博客的控制权，如果有错，可及时删除就可以了。

【项目小结】

该项目是实用性很强的一个项目，目的是让学生学会如何真正使用 Internet，真正实现在网上进行畅游，学会展示自我、发展自我。希望同学们能好好掌握这部分的内容。

【独立实践】

1）利用搜索引擎下载"日全食"的相关资料，同时搜索"迅雷"软件，并下载到桌面上。

2）利用 Internet 申请一个免费邮箱，并为自己同学或朋友发送一份带附件的邮件。

3）无 QQ 号码的申请一个 QQ 号码，并学会使用它。

4）为自己创建一个博客。

5）在网上申请免费主页空间，今后将自己的个人主页或班级主页放在此处，或申请一个网络硬盘。

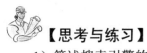
【思考与练习】

1）简述搜索引擎的概念，如何使用它？
2）简述搜索引擎的工作方式及常见搜索引擎。
3）电子邮箱的功能及电子邮箱地址格式。
4）博客的由来及概念。
5）结合本章内容，谈谈你学习本章的体会。

项目十　网络安全技术

网络给整个社会带来了巨大的推动与冲击，同时也给我们带来了许多挑战。Internet 信息安全是一项综合的系统工程，涉及很多方面的知识，要想掌握一定的网络安全技术，需要在长期的实践中不懈努力。本项目旨在通过具体的操作任务，有针对性地掌握一些基础实用的维护安全的技术、手段及应用软件。

【项目描述】

网络安全管理主要包括系统自身安全、病毒防护、安全管理、灾难处理四个方面。本项目旨在通过几个针对性的任务，介绍网络安全的概念、安全技术、加密技术、防火墙的应用等。

【项目需求】

一台能够接入 Internet 的计算机，操作系统可为 Windows Server 2003。

【相关知识点】

1）掌握网络安全的概念；
2）掌握安全技术的应用；
3）了解加密技术；
4）理解防火墙的应用。

【项目分析】

本项目主要分四个任务完成。
任务一：初识网络安全；
任务二：简单应用安全网络技术；
任务三：实施加密和认证技术；
任务四：学习简单防火墙技术。

任务一 初识网络安全

【任务描述】

网络安全是一个全局性的问题，它包括联网的设备、网络操作系统、应用程序和数据的安全等。由于计算机系统本身存在的缺陷，信息安全防范技术没有达到希望的程度，人们的安全意识还没有达到应有的高度，信息化社会缺乏应有的法规等方面的原因，计算机网络安全成了一个值得我们认真研究的问题。本任务通过几个实验让用户对网络安全能有一个初步的认识。

【任务描述】

实验一：利用 Microsoft 基本的安全分析软件分析安全性

Microsoft 基本安全分析软件（MBSA）是扫描一台或多台计算机安全漏洞的普通软件。MBSA 扫描电脑时，它检查操作系统和其他 Microsoft 组件安全设置是否合理，建议用户采用适当的安全升级。

实施步骤如下所述。

1）登录网站 www.microsoft.com 查找 MBSA 软件。下载该软件并遵照安装向导正确安装。如下图 10–1–1 所示。

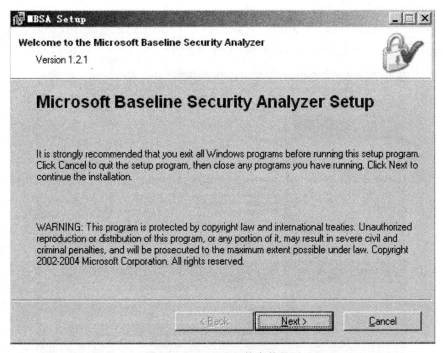

图 10–1–1 MBSA 的安装界面

现在可以运行 MBSA 软件检测安全漏洞了。

2）双击桌面上的 MBSA 图标（可以单击"开始"按钮，选择"开始"菜单中的"程序"命令，在"程序"下级菜单中选"MBSA 软件"命令）。打开 MBSA 窗口，如图 10-1-2 所示。

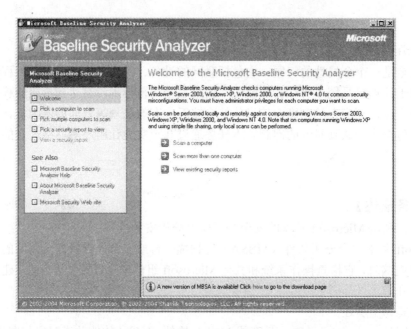

图 10-1-2　MBSA 窗口

3）单击"扫描电脑"按钮。

4）当要求选择扫描电脑时，单击"开始扫描"。MBSA 扫描电脑寻找漏洞（大概需要几分钟），然后显示一个安全分析报告，如图 10-1-3 所示。

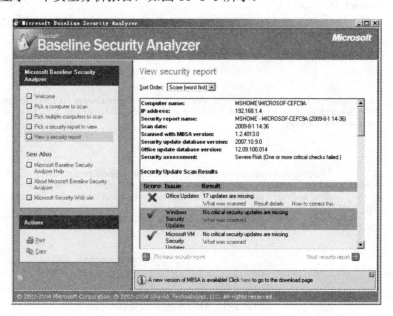

图 10-1-3　安全分析报告

报告列举了电脑上的安全漏洞。有红"×"标记的表示需要马上处理，黄"×"标记的表示需尽快处理，绿"×"表示不需处理。蓝色星号表示跳过的部分。对于标有红或黄色"×"的，单击扫描内容，再单击详细结果，最后单击如何处理，阅读每项描述。完成全部操作后关闭窗口，然后依次解决每个问题。

5) 在左侧单击"打印"按钮，然后在弹出的对话框中单击"打印"按钮，就可以打印一份报告。

6) 关闭 MBSA 软件。

【知识拓展】

一、MBSA 可以选择要扫描的计算机包括如下

1. 单台计算机

MBSA 最简单的运行模式是扫描单台计算机，典型情况表现为"自动扫描"。当选择"选取一台计算机进行扫描"时，可以选择输入你想对其进行扫描的计算机的名称或 IP 地址。默认情况下，当用户选中此选项时，所显示的计算机名将是运行该工具的本地计算机。

2. 多台计算机

如果用户选择"选取多台计算机进行扫描"时，将有机会扫描多台计算机，也可以选择通过输入域名扫描整个域，还可以指定一个 IP 地址范围并扫描该范围内的所有基于 Windows 的计算机。

如要扫描一台计算机，需要管理员访问权。在进行"自动扫描"时，用来运行 MBSA 的账户也必须是管理员或者是本地管理员组的一个成员。当要扫描多台计算机时，必须是每一台计算机的管理员或者是一名域管理员。

二、扫描类型

1. MBSA 典型扫描

MBSA 典型扫描将执行扫描并且将结果保存在单独的 XML 文件中，这样就可以在 MBSA GUI 中进行查看（这与 MBSAV1.1.1 一样）。可以通过 MBSA GUI 接口（mbsa.exe）或 MBSA 命令行接口（mbsacli.exe）进行 MBSA 典型扫描。这些扫描包括全套可用的 Windows、IIS、SQL 和安全更新检查。

每次执行 MBSA 典型扫描时，都会为每一台接受扫描的计算机生成一个安全报告，并保存正在运行 MBSA 的计算机中。这些报告的位置将显示在屏幕顶端（存储在用户配置文件文件夹中）。安全报告以 XML 格式保存。

用户可以轻松地按照计算机名、扫描日期、IP 地址或安全评估对这些报告进行排序。此功能能够轻松地将一段时间内的安全扫描加以比较。

2. HFNetChk 典型扫描

HFNetChk 典型扫描将只检查缺少的安全更新，并以文本的形式将扫描结果显示在命令行窗口中，这与以前独立版本的 HFNetChk 处理方法是一样的。这种类型的扫描可以通过带有"/hf"开关参数（指示 MBSA 工具引擎进行 HFNetChk 扫描）的 mbsacli.exe 来执行。注意，可以在 Windows NT 4.0 计算机上本地执行这种类型的扫描。

3. 网络扫描

MBSA 可以从中央计算机同时对多达 10 000 台计算机进行远程扫描（假定系统要求与自述文件中列出的一样）。MBSA 被设计为通过在每台所扫描的计算机上拥有本地管理权限的账户，在域中运行。

在防火墙或过滤路由器将两个网络分开的多域环境中（两个单独的 Active Directory 域），TCP 的 139 端口和 445 端口以及 UDP 的 137 端口和 138 端口必须开放，以便 MBSA 连接和验证所要扫描的远程网络。

实验二：利用"ShieldsUp！"检测定位开放端口

由于开放端口就是电脑的进入指针，一些基于网络的工具可以发送探针检测对外界开放的端口来分析计算机的安全性。当电脑联网时，黑客可以利用开放端口传输恶意代码。本次任务用"ShieldsUp！"来检测系统的开放端口。

传输控制协议/因特网协议（TCP/IP）中的 TCP 是负责主机数据传输的可靠性，也是基于端口地址的。如同 IP 地址代表了网络中主机的地址，端口地址表示连接电脑的程序或服务。总共有 65 535 个端口地址，其中有 1 023 个代表常用程序或服务的，称为通用端口地址，如 21（FTP 服务）、23（远程登录）、25（电子邮件）和 80（HTTP）。

因此，应尽可能少地开放端口，这样可以有效地防范恶意攻击，以提高系统安全性能。

实施步骤如下所述。

1）登录网站 www.grc.com，等待进入"ShieldsUp！"页面。

2）向下滚动页面，单击"ShieldsUp！"选项，显示"ShieldsUp！"页面，如图 10-1-4 所示。

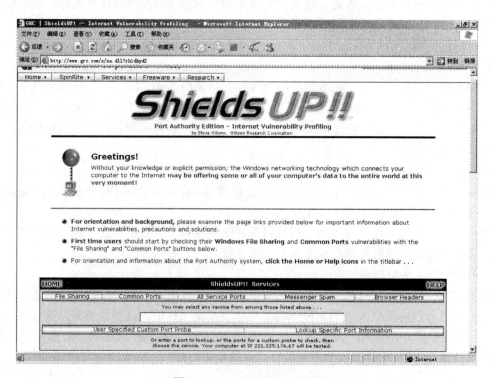

图 10-1-4　ShieldsUp！页面

3）如果收到安全提示，表示现在的页面安全，单击 OK 按钮。

4）单击"继续"按钮。如果收到安全提示，则表示现在的页面安全，单击 Yes 按钮。

5）单击"文件分享"按钮，"ShieldsUp！"就会分析黑客可能对计算机的攻击，并列出分析报告，如图 10-1-5 和图 10-1-6 所示。

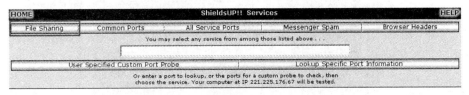

图 10-1-5　ShieldsUp！Services 菜单

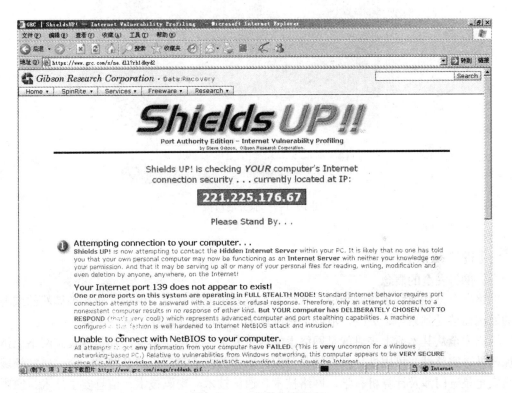

图 10-1-6　文件共享报告

6）在主菜单中单击"文件"选项，在弹出的下拉菜单中单击"打印"命令，即打印文件共享报告。

7）单击"后退"按钮，进入"ShieldsUp！"页面。

8）单击"所有服务端口"按钮，扫描电脑。当扫描结束后，查看报告结果，如图 10-1-7 所示。

9）在主菜单中单击"文件"选项，在弹出的下拉菜单中单击"打印"命令，即打印服务端口报告。

10）关闭浏览器。

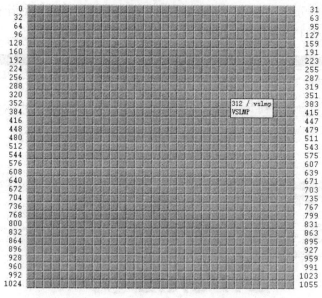

图 10-1-7　服务端口报告

【理论知识】

一、网络安全的概念

网络安全是指网络系统的硬件、软件及其系统中的数据受到保护，而不因偶然的或者恶意的原因而遭受到破坏、更改、泄露，系统连续可靠正常地运行，网络服务不中断。

网络安全从其本质上来讲就是网络上的信息安全。从广义来说，凡是涉及到网络上信息的保密性、完整性、可用性、真实性和可控性的相关技术和理论都是网络安全的研究领域。网络安全是一门涉及计算机科学、网络技术、通信技术、密码技术、信息安全技术、应用数学、数论、信息论等多种学科的综合性学科。

二、网络安全具备的特征

1）保密性：信息不泄露给非授权用户、实体或过程，或供其利用的特性。

2）完整性：数据未经授权不能进行改变的特性，即信息在存储或传输过程中保持不被修改、不被破坏和丢失的特性。

3）可用性：可被授权实体访问并按需求使用的特性，即当需要时能否存取所需信息。

4）可控性：对信息的传播及内容具有控制能力。

5）可审查性：出现安全问题时提供依据与手段。

三、网络安全涉及的范围

1）网络环境安全：通过访问控制、身份识别和授权来监控用户在系统中的操作，监视路由器、防火墙的使用等。

2）数据加密：即使数据被窃取也不至于泄露。

3）调制解调器安全：使用一些技术阻碍非法的调制解调器的访问。

4）网络隔离：使用防火墙等技术以防止通信威胁，有效地隔离非法入侵。

5）系统维护和管理计划：从安全的角度建立适当的规章制度，有计划地维护和管理网络，防患于未然。

6）灾难和意外应急计划：建立灾难应急计划、备份方案和其他方法等，保证能够及时恢复系统数据。

四、计算机网络面临的威胁

计算机网络所面临的威胁大体可分为两种：一种是对网络中信息的威胁；另一种是对网络中设备的威胁。影响计算机网络的因素很多，有些因素可能是有意的，也可能是无意的；可能是人为的，也可能是非人为的；可能是外来黑客对网络系统资源的非法使用。

网络安全的威胁主要有以下三个方面。

1）人为的无意失误：如操作员安全配置不当造成的安全漏洞，用户安全意识不强，用户口令选择不慎，用户将自己的账号随意转借他人或与别人共享等都会给网络安全带来威胁。

2）人为的恶意攻击：这是计算机网络所面临的最大威胁，敌手的攻击和计算机犯罪就属于这一类。此类攻击又可以分为以下两种：一种是主动攻击，它以各种方式有选择地破坏信息的有效性和完整性；另一种是被动攻击，它是在不影响网络正常工作的情况下，进行截获、窃取、破译以获得重要机密信息。这两种攻击均可对计算机网络造成极大危害，并导致机密数据泄漏。

3）网络软件的漏洞和"后门"：网络软件不可能是百分之百的无缺陷和无漏洞的，然而，这些漏洞和缺陷恰恰是黑客进行攻击的首选目标，曾经出现过的黑客攻入网络内部事件的大部分就是因为安全措施不完善所招致的苦果。另外，软件的"后门"都是软件公司的设计编程人员为了自便而设置的，一般不为外人所知，但一旦"后门"洞开，其造成的后果就将不堪设想。

任务二　简单应用网络安全技术

【任务描述】

本任务旨在通过几个实验让用户掌握网络安全中常用软件的使用和简单维护的方法。

【任务实施】

实验一：安装和管理 Microsoft Windows 升级

实施步骤如下所述。

1）在 Windows XP 电脑上，单击"开始"按钮，选择"开始"菜单中的"所有程序"命令，在"所有程序"下拉菜单中选择"Windows 升级"命令。打开 IE 浏览器，并连接到了 Microsoft Windows 升级网站，如图 10-2-1 所示。

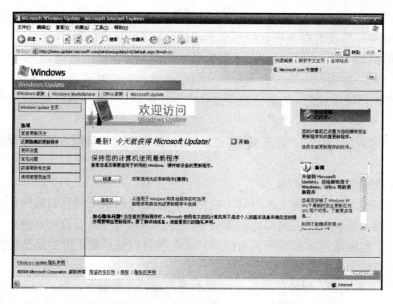

图 10–2–1　Microsoft Windows 升级网站

2）单击"升级扫描"按钮。Windows 升级会检测计算机是否安装了最新的升级补丁。补丁分为三种：Critical Updates and Service Packs（为安全而安装的升级）、Windows XP（操作系统建议的升级）和 Driver Updates（驱动程序建议的升级）。

3）单击"安装升级"按钮。在右侧，Windows 升级列出了需要安装的 Critical Updates and Service Packs。根据屏幕上的指令，返回 Windows 升级网站，需要时重启计算机。

4）为了安装 Windows 升级，单击左面的相应列表，在右侧单击"安装升级的添加"按钮，如图 10–2–2 所示（升级列表每次都不同）。在左侧单击"驱动升级"按钮，安装驱动升级，再单击"添加"按钮，选择需要升级的驱动。

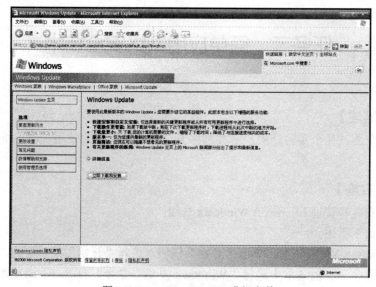

图 10–2–2　Windows XP 升级安装

5）单击"安装升级"按钮。网页会列出所选择的升级及其大小、下载和安装时间。现在单击"安装"按钮，安装升级。

6）下载及安装完毕，可能会要求重启计算机。单击 OK 按钮，重启即可。如果没有要求重启，则关闭 IE 浏览器。虽然可以随时更新，但利用 Windows 自动更新更加容易。利用系统属性对话框设定自动升级。

7）同时按 Windows 键和 Break 键就可以弹出"系统属性"对话框，或单击"开始"按钮，选择"开始"菜单中的"设置"选项，在"设置"下级菜单中选择"控制面板"选项。当控制面板以标准视窗打开时，单击"系统"按钮即可。

8）在弹出的"系统属性"对话框中，单击"自动更新"按钮，出现"自动更新"选项，如图 10-2-3 所示。

9）如果需要，则选中"自动"单选按钮。

10）在设置中，选中"下载更新"单选按钮，并决定安装选项的时间。电脑就会自动下载 Critical Updates and Service Packs。然而只有在得到允许时才会安装。

11）分别单击"应用"和 OK 按钮。

实验二：360 安全卫士的使用

360 安全卫士 V5.0 版只有 8 M 左右，适合快速安装。360 安全卫士是国内最受欢迎的免费安全软件，它拥有查杀流行木马、清理恶评及系统插件，管理应用软件，系统实时保护，修复系统漏洞等数个强劲功能，同时还提供了系统全面诊断，弹出插件免疫，清理使用痕迹以及系统还原等特定辅助功能，并且提供对系统的全面诊断报告，方便用户及时定位问题所在，真正为每一位用户提供了全方位的系统安全保护。

实施步骤如下所述。

1）登录 Http://www.360.cn/的页面下载 360 安全卫士 V5.0 正式版。

2）按照软件提示安装 360 安全卫士，运行主界面如图 10-2-4 所示。

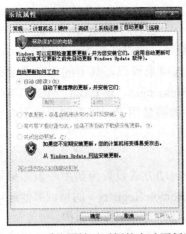

图 10-2-3 系统属性对话框的自动更新选项

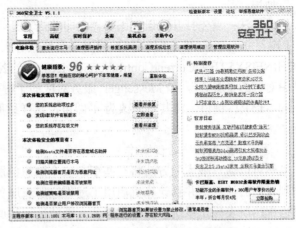

图 10-2-4 360 安全卫士主界面

3）360 安全卫士的主要功能：

① 实时保护，全方位、实时地阻击潜在威胁！整合漏洞、系统、木马、网页、U 盘、ARP 六大防火墙！

② 360 木马查杀，发现未知木马，排除潜在威胁，新增 360 在线智能查杀，能将潜在威胁一网打尽。

③ 装机必备：软件下载、升级服务全面提升！新增 P2P 高速下载，下载更稳定更省时！

④ 增加系统高级补丁，漏洞修复更全面、更贴心，完善修复漏洞设置功能，操作更直观、更方便。

⑤ 内附 360 保险箱，远离账号问题的困扰！可自由选择 360 保险箱强大的账号保护功能！

⑥ 全新的恶意网址拦截程序，安全上网不用愁，整合互联网搜索技术，打造超全的恶意网址库。

4）通过安全卫士可以对系统作出全面的检查。

选择菜单"常用"→"电脑体检"→"重新体检"→得到检测结果：包括杀毒软件、系统共享资源、远程桌面、流行木马、恶评插件、系统漏洞等情况；一旦发现系统漏洞或其他系统问题，随即提供解决方案，提示用户升级系统、直接下载系统补丁或 360 提供的临时方法等。

5）使用 360 安全卫士，从系统及应用软件本身着手有效地增强了"免疫力"，杜绝了很多的安全隐患。

实验三：注册表管理远离病毒和木马

计算机病毒对计算机系统可以造成很大的影响，大部份的病毒都是把计算机程式及数据破坏。尤其是木马病毒令人头疼不已。但是目前流行的杀毒软件并不能完全控制新型计算机病毒的蔓延，所以用户有必要学习使用注册表管理来远离病毒。

实验步骤：

1. 通过注册表拒绝广告信息

在 Windows 2000/XP 系统下 MESSENGER 默认服务是启动的，通过 netsend 指令可以向目标计算机发送信息。目标计算机就会在使用中不时地收到这样的骚扰信息，影响了操作者的正常使用。

解决方法：首先打开注册表编辑器，即单击"开始"→"运行"，在弹出的"运行"对话框中，输入"regedit"，单击"确定"按钮对于系统服务来说都可以通过注册表中 HKEY_LOCAL_MACHINE\SYSTEM\CurrentControlSet\Services 下的各个选项来管理，其下的每个子键就是系统中对应的"服务"，如 Messenger 服务对应的子键是 Messenger，只要找到 MESSENGER 项下的 START 键值，将其值修改为 4 即可，这样该服务就被禁用了。以后就再也不会受到骚扰了。

2. 通过注册表拒绝远程操作

虽然可以通过战术的方法将一些引起安全隐患的服务启动方式设置为禁用，但如果黑客连接到我们的计算机并且计算机启用了远程注册表服务（RemoteRegistry）的话，那他还可以通过远程注册表操作系统中的任意服务，因此远程注册表服务要得到特别保护。

解决方法：可以通过上面战术介绍的方法将远程注册表服务（RemoteRegistry）启动方式设置为禁用，不过黑客入侵计算机后仍然可以通过简单的操作将其从禁用转换为自动启动方式。因此有必要进一步操作，那就是将该服务删除。方法是：找到注册表中 HKEY_LOCAL_MACHINE\SYSTEM\CurrentControlSet\Services 下的 RemoteRegistry 项，在其上右击，在弹出的快捷菜单中选择"删除"命令，将该项删除后就无法启动服务了，即使通过在"控制面板"

窗口中双击"管理工具"图标,在弹出的窗口中双击"服务"图标启动也会出现错误提示。

◎ 提示

由于采用的方法是将服务项都删除,以后就无法利用该服务了,因此在删除前请一定将该项信息导出并保存。以后再想使用该服务时只需要将已经保存的注册表文件导入即可。另外,如果觉得将服务删除不安全的话还可以将其改名,也可以起到一定的防护作用。

3. 通过注册表清除默认共享

大家都应该知道在 Windows 2000/XP/2003 中系统是默认开启一些共享的,它们是 ADMIN$、ipc$、C$、d$、e$……很多黑客和病毒都是通过这个默认共享入侵到操作系统中的,因此需要将这些默认共享关闭。

解决方法:仍然在注册表中进行操作,要防范 ipc$ 攻击应该将注册表中的 HKEY_LOCAL_MACHINE\SYSTEM\CurrentControlSet\Control\LSA 的 RestrictAnonymous 项设置为 1,这样就可以有效地禁止空用户的连接了。对于 C$、D$ 和 ADMIN$ 等类型的默认共享则需要在注册表中找 HKEY\LOCALMACHINE\SYSTEM\CurrentControlSet\Services\LanmanServer\Parameters 项,如果是 Windows 2000 Server、Windows Server 2003 的话,则需要在该项中添加键值 AutoShareServer,类型为 REG_DWORD,值为 0。如果是 2000 专业版的话,应在该项中添加键值 AutoShareWks,类型为 REG_DWORD,值为 0。

◎ 提示

其实如果本地计算机不与其他机器共享文件和打印服务的话,还有一个更简单的方法,就是关闭这些默认共字,也就是将 server 服务禁用。

4. 通过注册表拒绝隐私泄露

在 Windows 系统运行出错的时候,系统内部有一个 dr.Watson 程序会自动将出错时系统调用的隐私信息保存下来。很多攻击者都可以通过破解这个程序而了解到系统的隐私信息。因此,要阻止该程序将必要信息泄露出去。

解决方法:在注册表中找到 HKEY_LOACL_MACHINE\SOFTWARE\Microsoft\WindowsNT\Currentversion\Aedebug,将该分支右侧的 AUTO 键值设置为 0,确定后,dr.watson 就不会记录系统运行时的出错信息了。

当然,还要到"我的电脑"→Documents And Settings→All Users→Documents→Drwatson 找到该文件夹中的 user.dmp 和 drwtsn32.log 文件,然后将其全部删除。

◎ 提示

如已经禁止了 dr.watson 程序的运行,那么将不会找到上文提到的 dr.watson 文件夹及 user.dmp 和 drwtsn32 .log 两个文件了。

5. 通过注册表拒绝控件骚扰

不少木马和病毒都是通过在网页中隐藏恶意 ActiveX 控件的方法来私自运行系统中的本地程序,从而达到破坏本地系统目的的。为了保证系统安全应该阻止 ActiveX 控件私自运行本地程序。

解决方法：Activex 控件是通过调用 WindowsScriptingHost 组件的方式运行程序的，所以应先删除"我的电脑"→系统盘的 Windows 目录→system32 下的 wshom.ocx 文件，这样 ActiveX 控件就不能调用 WindowsScriptingHost 了。然后在注册表中找 HKEY_LOCAL MACHINE\SOFTWARE\CLASSES\CLSID{F935DC22-ICFO-IIDO-ADB9-00C04FD58AOB}，将该项全部删除。通过这两步，ActiveX 控件就再也无法私自调用脚本程序了。

【理论知识】

一、计算机病毒的定义

计算机病毒（Computer Virus）在《中华人民共和国计算机信息系统安全保护条例》中被明确定义，病毒指"编制或者在计算机程序中插入的破坏计算机功能或者破坏数据，影响计算机使用并且能够自我复制的一组计算机指令或者程序代码"。

计算机病毒最早出现在 20 世纪 70 年代 David Gerrold 的科幻小说 When H.A.R.L.I.E.was One。最早科学定义出现在 1983 年，在 Fred Cohen（南加大）的博士论文"计算机病毒实验"、"一种能把自己（或经演变）注入其他程序的计算机程序"启动区病毒、宏（macro）病毒、脚本（script）病毒也是相同概念传播机制，同生物病毒类似。

二、计算机病毒的特点

计算机病毒具有以下几个特点。

（1）寄生性

计算机病毒寄生在其他程序之中，当执行这个程序时，病毒就起破坏作用，而在未启动这个程序之前，它是不易被人发觉的。

（2）传染性

计算机病毒不但本身具有破坏性，更厉害的是它具有传染性，一旦病毒被复制或产生变种，其速度之快令人难以预防。

传染性是病毒的基本特征。在生物界，病毒通过传染从一个生物体扩散到另一个生物体。在适当的条件下，它可得到大量繁殖，并使被感染的生物体表现出病症甚至死亡。同样，计算机病毒也会通过各种渠道从已被感染的计算机扩散到未被感染的计算机，在某些情况下造成被感染的计算机工作失常甚至瘫痪。与生物病毒不同的是，计算机病毒是一段人为编制的计算机程序代码，这段程序代码一旦进入计算机并得以执行，它就会搜寻其他符合其传染条件的程序或存储介质，确定目标后再将自身代码插入其中，达到自我繁殖的目的。只要一台计算机染毒，如不及时处理，那么病毒就会在这台机子上迅速扩散，其中的大量文件（一般是可执行文件）就会被感染。而被感染的文件又成了新的传染源，再与其他机器进行数据交换或通过网络接触，病毒会继续进行传染。正常的计算机程序一般是不会将自身的代码强行连接到其他程序上的。而病毒却能使自身的代码强行传染到一切符合其传染条件的未受到传染的程序上。计算机病毒可通过各种可能的渠道，如计算机网络去传染其他的计算机。当您在一台机器上发现了病毒时，往往与这台机器联网的其他计算机也许也感染了该病毒。是否具有传染性是判别一个程序是否为计算机病毒的最重要条件。病毒程序通过修改磁盘扇区信息或文件内容并把自身嵌入到其中的方法来达到病毒的传染和扩散，被嵌入的程序叫做宿主程序。

(3) 潜伏性

有些病毒像定时炸弹一样，什么时间发作是预先设计好的。比如，黑色星期五病毒，不到预定时间一点都觉察不出来，等到条件具备的时候一下子就爆炸开来，对系统进行破坏。一个编制精巧的计算机病毒程序，进入系统之后一般不会马上发作，可以在几周或者几个月内甚至几年内隐藏在合法文件中，对其他系统进行传染，而不被人发现，潜伏性越好，其在系统中的存在时间就会越长，病毒的传染范围就会越大。潜伏性的第一种表现是指，病毒程序不用专用检测程序是检查不出来的，因此病毒可以静静地躲在磁盘里呆上几天，甚至几年，一旦时机成熟，得到运行机会，就又要四处繁殖、扩散，继续为害。潜伏性的第二种表现是指，计算机病毒的内部往往有一种触发机制，即不满足触发条件时，计算机病毒除了传染外不作什么破坏。触发条件一旦得到满足，有的在屏幕上显示信息、图形或特殊标识，有的则执行破坏系统的操作，如格式化磁盘、删除磁盘文件、对数据文件作加密、封锁键盘以及使系统死锁等。

(4) 隐蔽性

计算机病毒具有很强的隐蔽性，有的可以通过病毒软件检查出来，有的根本就查不出来，有的时隐时现、变化无常，这类病毒处理起来通常很困难。

(5) 破坏性

计算机中毒后，可能会导致正常的程序无法运行，把计算机内的文件删或受到不同程度的损坏。即通常表现为：增、删、改、移。

(6) 计算机病毒的可触发性

病毒因某个事件或数值的出现，诱使其实施感染或进行攻击的特性称为可触发性。为了隐蔽自己，病毒必须潜伏，少做动作。如果完全不动，一直潜伏的话，病毒既不能感染也不能进行破坏，便失去了杀伤力。病毒既要隐蔽又要维持杀伤力，它必须具有可触发性。病毒的触发机制就是用来控制感染和破坏动作的频率的。病毒具有预定的触发条件，这些条件可能是时间、日期、文件类型或某些特定数据等。病毒运行时，触发机制检查预定条件是否满足，如果满足，则启动感染或破坏动作，使病毒进行感染或攻击；如果不满足，则使病毒继续潜伏。

三、计算机病毒的分类

1. 按照计算机病毒存在的媒体进行分类

根据病毒存在的媒体，病毒可以划分为网络病毒、文件病毒、引导型病毒。

1) 网络病毒通过计算机网络传播感染网络中的可执行文件。

2) 文件病毒感染计算机中的文件（如：COM、EXE、DOC 等）。

3) 引导型病毒感染启动扇区（Boot）和硬盘的系统引导扇区（MBR），还有这三种情况的混合型，例如：多型病毒（文件和引导型）感染文件和引导扇区两种目标，这样的病毒通常都具有复杂的算法，它们使用非常规的办法侵入系统，同时使用了加密和变形算法。

2. 按照计算机病毒传染的方法进行分类

根据病毒传染的方法可分为驻留型病毒和非驻留型病毒。

1) 驻留型病毒感染计算机后，把自身的内存驻留部分放在内存（RAM）中，这一部分程序挂接系统调用并合并到操作系统中去，处于激活状态，一直到关机或重新启动。

2）非驻留型病毒在得到机会激活时并不感染计算机内存，一些病毒在内存中留有小部分，但是并不通过这一部分进行传染，这类病毒也被划分为非驻留型病毒。

3. 根据病毒破坏的能力进行分类

（1）无害型

除了传染时减少磁盘的可用空间外，对系统没有其他影响。

（2）无危险型

这类病毒仅仅是减少内存、显示图像、发出声音及同类音响。危险型，这类病毒在计算机系统操作中造成严重的错误。

（3）非常危险型

这类病毒删除程序、破坏数据、清除系统内存区和操作系统中重要的信息。这些病毒对系统造成的危害，并不是本身的算法中存在危险的调用，而是当它们传染时会引起无法预料的和灾难性的破坏。由病毒引起其他程序产生的错误也会破坏文件和扇区，这些病毒也按照它们引起的破坏能力划分。一些现在的无害型病毒也可能会对 Windows 和其他操作系统造成破坏。例如：在早期的病毒中，有一个"Denzuk"病毒在 360 K 磁盘上很好地工作，不会造成任何破坏，但是在后来的高密度软盘上却能引起大量的数据丢失。

4. 根据病毒特有的算法进行分类

1）伴随型病毒，并不改变文件本身，只是根据算法产生 EXE 文件的伴随体，具有同样的名字和不同的扩展名（COM），例如：XCOPY.EXE 的伴随体是 XCOPY.COM。病毒把自身写入 COM 文件并不改变 EXE 文件，当 DOS 加载文件时，伴随体优先被执行到，再由伴随体加载执行原来的 EXE 文件。

2）"蠕虫"型病毒，通过计算机网络传播，不改变文件和资料信息，利用网络从一台机器的内存传播到其他机器的内存，计算网络地址，将自身的病毒通过网络发送。有时它们在系统存在，一般除了内存不占用其他资源。

3）寄生型病毒，除了伴随和"蠕虫"型，其他病毒均可称为寄生型病毒，它们依附在系统的引导扇区或文件中，通过系统的功能进行传播。

4）诡秘型病毒，一般不直接修改 DOS 中断和扇区数据，而是通过设备技术和文件缓冲区等 DOS 内部修改，不易看到资源，使用比较高级的技术。利用 DOS 空闲的数据区进行工作。

5）变型病毒（又称幽灵病毒），使用一个复杂的算法，使自己每传播一份都具有不同的内容和长度。它们一般的做法是将一段混有无关指令的解码算法与被变化过的病毒体组合。

任务三　实施网络加密和认证技术

【任务描述】

数据加密是计算机网络安全很重要的一个部分。由于因特网本身的安全性，不仅需对口令进行加密，有时也需对在网上传输的文件进行加密。认证则是防止主动攻击的重要技术，它对于开放环境中的各种信息系统的安全有重要作用。本任务旨在通过两个实验来完成网络加密和认证技术的简单应用。

【任务实施】

实验一： sohu 邮箱的注册和使用

邮箱的注册和使用现已成为广大网络用户不可或缺的一部分，它既方便又实用。其中用户的注册和登录都涉及到网络安全中数据的加密和认证。

实施步骤如下所述。

1）登录 www.sohu.com，单击"注册邮箱"，如下图 10-3-1 所示。

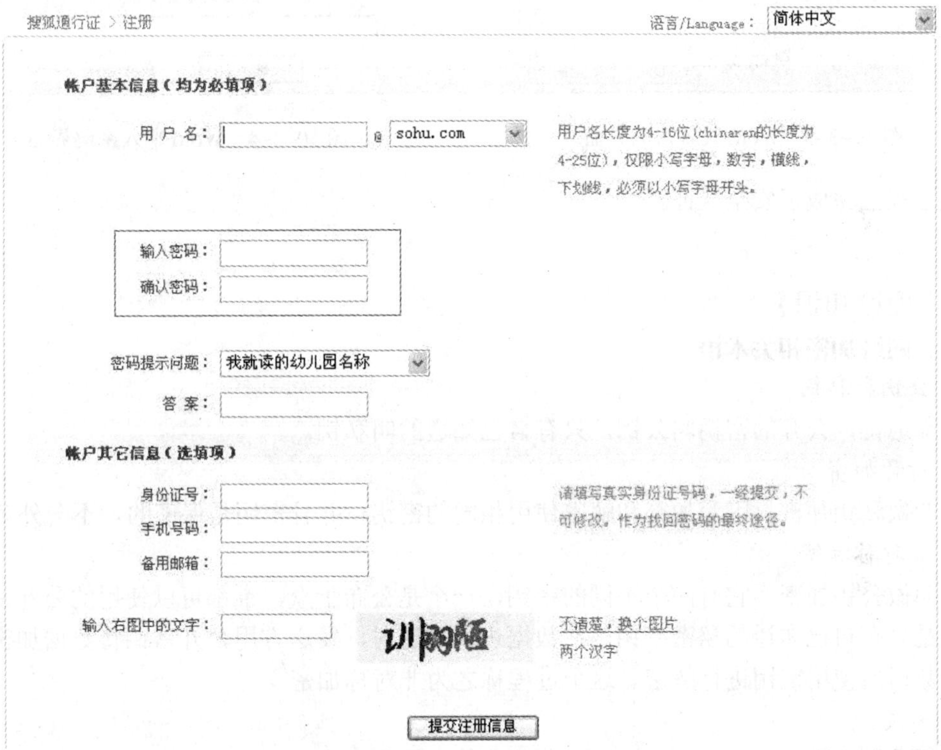

图 10-3-1　搜狐邮箱注册界面

其中灰色框线标注的"输入密码"和"确认密码"即为数据加密的一种方式。

2）用户利用刚才注册的信息登录 www.sohu.com 邮箱时需输入正确的用户名和密码，如图 10-3-2 所示。

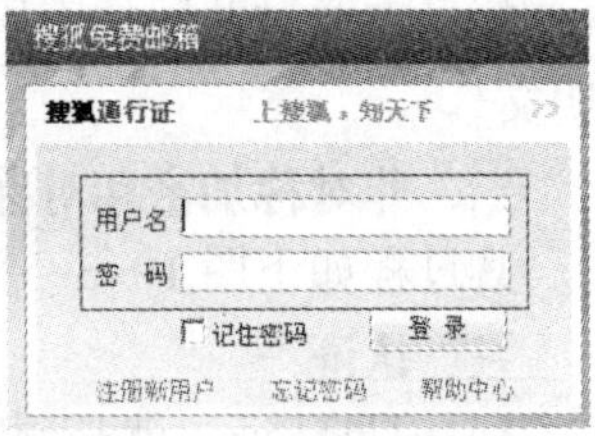

成功完成了用户的身份认证。

实验二： word 中文档加密操作

实施步骤如下所述。

1）打开一份重要 word 文档，选择"工具"→"选项"→"保存"选项卡，如图 10-3-3 中的框线所示。

2）用户输入打开权限密码和修改权限密码，如图 10-3-4 所示。

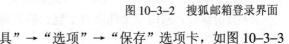

图 10-3-2　搜狐邮箱登录界面

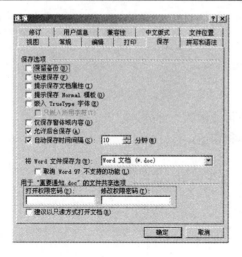

图 10-3-3　Word 设置密码界面

图 10-3-4　Word 输入密码界面

该过程已完成了安全认证。

【理论知识】

一、网络加密相关术语

1. 公钥和私钥

形象地说,公开的密钥叫公钥,只有自己知道的叫私钥。

2. 对称加密

也叫做私钥加密,因为加密和解密使用相同的密钥,并且密钥是保密的,不向外公布。

3. 非对称加密

也叫做公钥加密,它有两个不同的密钥,一个是公布于众,谁都可以使用的公开密钥,另一个是只有自己知道的秘密密钥。在数据进行加密时,发送方用公开密钥将数据加密,对方收到数据后使用密钥进行解密。这个过程称之为非对称加密。

4. 密文

一般是指密码在经过人工加密后,所传输的直接信息被加密,称为"密文"。

5. 明文

接受方通过共同的密码破译方法将其破译解读为直接的文字或可直接理解的信息,称为"明文"。

二、非对称加密和对称加密

其过程如下图 10-3-5 所示。

三、认证

1) 消息认证:就是预定的接收者能够检验收到的消息是否真实的方法。

2) 身份认证:网络安全性取决于能否验证通信或终端用户个人身份。身份认证大致可分为三种:

① 口令机制;

② 个人持证;

③ 个人特征。

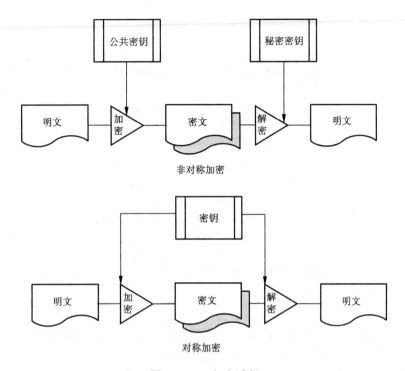

图 10-3-5 加密过程

3）数字签名：是一种信息认证技术，它利用数据加密技术和数据交换技术，根据某种协议来产生一个反映被签署文件的特征和签署人特征，以保证文件的真实性和有效性，同时也可用来核实接受者是否有伪造和篡改行为。

任务四 学习简单的防火墙技术

【任务描述】

防火墙是在计算机上设立的防止一个内部网络与公共网络直接访问的一种机制，是网络安全的一道闸门，所有与计算机的连接都必须通过防火墙来实现。本任务旨在通过让用户学会使用系统本身的防火墙和天网防火墙来理解网络安全中的防火墙技术。

【任务实施】

实验一：系统防火墙的启用

实施步骤如下所述。

1）单击"开始"→"控制面板"在弹出的窗口中双击"Windows 防火墙"图标，弹出"Windows 防火墙"如下图 10-4-1 所示。

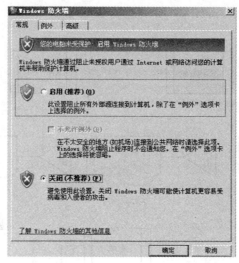

图 10-4-1　Windows 防火墙

2）选中"启用"单选按钮即可。另外用户还可以点击"了解 windows 防火墙的其他信息"地址链接，查看相关信息。

实验二：天网防火墙的使用

天网防火墙个人版是由国内天网安全实验室制作的反黑软件，该软件是一套供个人计算机使用的网络安全程序，它可以抵挡网络入侵和攻击。

实施步骤如下所述。

一、安装与启动

可以从网上下载天网防火墙试用版安装程序，并根据安装向导的提示将其安装到计算机上。安装过程较为简单，不作详细介绍。安装后弹出"天网防火墙设置向导"窗口，如图 10-4-2 所示，选择使用的安全级别，一般情况下选中"中"单选按钮即可。

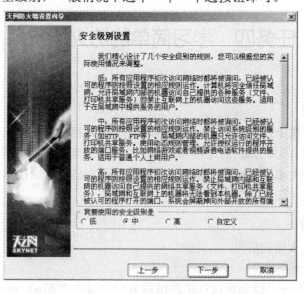

图 10-4-2　天网防火墙设置向导

单击"下一步"按钮,弹出"局域网信息设置"向导,如果在局域网中使用,则可以选中"我的电脑在局域网中使用"的复选框,然后输入 IP 地址,如图 10-4-3 所示。然后依次单击"下一步"按钮即可完成设置。

安装完成后,重启计算机并启动天网防火墙个人版,主界面如图 10-4-4 所示。

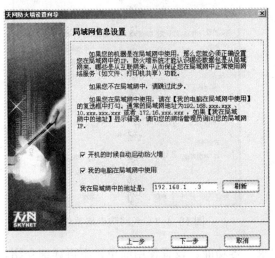
图 10-4-3 天网防火墙设置向导

图 10-4-4 天网防火墙主界面

二、设置与使用

1)单击程序主界面上菜单图标第一项,可以进入"应用程序访问网络权限设置"对话框,如图 10-4-5(左)所示。单击程序列表右侧的"选项"按钮,可以设置该应用程序禁止使用 TCP 或 UDP 传输,以及设置端口过滤,让应用程序只能通过固定的几个通信端口或者一个通信端口范围接收和传输数据。如图 10-4-5 所示。

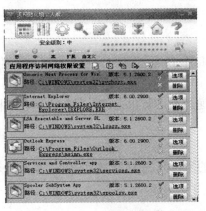 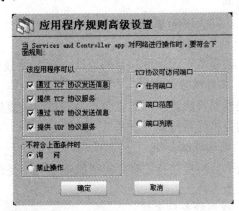
图 10-4-5 天网防火墙使用界面

2)单击主界面菜单图标第二项,便可以进入"自定义 IP 规则设置"。IP 规则是对整个系统网络数据包监控而设置的,利用自定义 IP 规则,用户可针对个人的不同网络状态,设置自己的 IP 安全规则,使防御手段更周到、更实用,如图 10-4-6 所示。由于天网防火墙本身的默认设置规则比较完善,用户一般不需要进行任何 IP 规则的修改,就可以直接使用。

3)单击主界面菜单图标第三项,即可进入"系统设置"。在此设置中,可以设置是否"开机后自动运行防火墙"、是否"允许所有的应用程序访问网络"等，如图 10-4-7 所示。

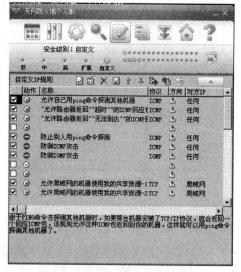

图 10-4-6 自定义 IP 规则

图 10-4-7 天网防火墙系统设置

4）其他还有"网络访问监控"、"日志记录"等功能。设置使用简单，不再详细介绍。

【理论知识】

一、防火墙的定义

防火墙是一个或一组能够增强机构内部网络安全性的系统。该系统可以设定哪些内部服务可以被外界访问，外界的哪些人可以访问内部的哪些服务，以及哪些外部服务可以被内部人员访问。

二、防火墙的基本类型

1. 网络级防火墙

一般是基于源地址和目的地址、应用、协议以及每个 IP 包的端口来作出通过与否的判断。

2. 应用级防火墙

是能够检测进出的数据包，并通过网关复制传递数据，防止受信任服务器和客户机不受信任的主机间直接建立联系。

3. 电路级防火墙

用来监控受信任的客户机或服务器与不受信任的主机间的 TCP 握手信息，并据此来决定该会话是否合法。

4. 规则检查防火墙

该防火墙结合了网络级防火墙、电路级网关和应用级网关的特点，与网络级防火墙一样，规则检查防火墙能够在 OSI 网络层上通过 IP 地址和端口号，过滤进出的数据包。

三、防火墙的功能

防火墙的功能主要有以下几个方面。

1）过滤掉不安全服务和非法用户；

2）控制对特殊站点的访问；

项目十　网络安全技术

3）提供监视安全和预警的方便端点。

四、防火墙的特点

1）广泛的服务支持：通过将动态的、应用层的过滤能力和认证相结合，可实现 WWW、HTTP、FTP 等服务。

2）对私有数据的加密支持：保证通过 Internet 进行虚拟私人网络和商务活动不受损坏。

3）客户端认证：只允许指定的用户访问内部网络或选择服务。

4）反欺骗：欺骗是从外部获取网络访问权的常用手段，它使数据包好似来自网络内部。防火墙应能监视这样的数据包并能扔掉它们。

5）C/S 模式和跨平台支持：能使运行在某一平台的管理模块控制运行在另一平台的监视模块。

【项目小结】

本项目系统学习了计算机网络的安全。

首先从网络安全的概念出发，介绍了网络安全的基础知识；其次结合部分应用软件介绍了网络技术的简单应用，重点讲解病毒的知识；然后通过用户注册登录邮箱和加密 WORD 文档的案例来介绍网络安全中加密和认证技术；最后学习了防火墙的基本知识，特别介绍了天网防火墙的设置过程。

学习本项目，同学们应该在脑海中初步建立起计算机网络安全的概念，为今后进一步学习打下一定的基础。

【独立实践】

如何使用防火墙禁止 QQ 游戏的运行。

1）运行天网防火墙个人版，打开主界面，进入"应用程序访问网络权限设置"对话框。

2）单击"增加规则"图标，进入"增加应用程序规则"对话框，如图 10-4-8 所示。

3）单击"浏览"按钮在弹出的对话框中选择需要禁止的应用程序"Qqgame.exe"，"该应用程序可以"的复选框均不选择，选中"不符合上面条时"下"禁止操作"单选按钮，如图 10-4-9 所示，单击"确定"按钮即可。

图 10-4-8　增加应用程序规则

图 10-4-9　程序规则"禁止操作"的设置

4）此时在应用程序规则列表中，增加了一项，如图 10-4-10 和图 10-4-11 所示。此后，当再次启动 QQ 游戏时，应用程序将无法与服务器取得连接，弹出如图 10-4-11 所示的界面，提示"连接版本服务器失败"。

图 10-4-10　天网防火墙设置 QQGame

图 10-4-11　天网防火墙设置 QQGame 效果

【思考与练习】

1）什么是网络安全？它包括哪些部分？
2）什么是病毒？列举出常见的杀毒软件。
3）对称加密与非对称加密有何不同点？
4）防火墙有什么作用？
5）结合自己的理解和经历，谈谈如何实现网络的安全。

项目十一 网络管理技术

随着信息技术地飞速发展，计算机网络的应用规模呈爆炸式增长。硬件平台、操作系统平台、应用软件等变得越来越复杂，从而难以进行统一管理，导致网络管理工作越来越繁重。而对于一个稳定、高效运行的网络系统来说，健全的网络管理是必不可少。

【项目描述】

网络管理就是监视和控制一个复杂的计算机网络，以确保其尽可能长时间地正常运行或当网络出现故障时尽可能地发现和修复故障，使之最大限度地发挥其应有效益的过程。也就是说网络管理包括网络监视和控制两个方面。网络控制中最重要的部分就是网络安全，本项目的重点是让用户学会使用系统日志和网络监视器；了解网络监视与统计软件的使用；了解网络管理软件的用法及功能，并通过系统本身的以及常用的软件工具，掌握网络监视的基本方法。

【项目需求】

实验设备：可以上网的计算机一台。

【相关知识点】

1）掌握网络管理的基本概念。
2）学会常用的网络管理协议。
3）掌握网络管理的应用。

【项目分析】

本项目主要分为两个任务完成。
任务一：认识网络管理。
任务二：简单应用网络管理。

任务一 认识网络管理

【任务描述】

网络管理包括对硬件、软件和人力的使用、综合与协调，以便对网络资源进行监视、测试、配置、分析、评价和控制，这样就能以合理的价格满足网络的一些需求，如实时运行性能、服务质量等。网络管理常简称为网管。

大多数网络管理系统和平台都是基于 SNMP 开发的。本任务不要通过学习安装与配置 SNMP 来认识网络管理。

在 SNMP 管理环境中，要想使安装有 Windows2000、Windows XP、Windows Server 2003 或 Windows Vista 操作系统的计算机支持 SNMP 管理，就必须启用 SNMP 服务，包括"SNMP Service"和"SNMP Trap Service"两项服务。启用"SNMP Service"服务即执行"snmp.exe"代理服务程序，它允许本地计算机处理接收到的 SNMP 请求，并向网络上的 SNMP 管理站报告其状态。如果该服务停止，则本地计算机将无法处理 SNMP 请求。启用"SNMP Trap Service"服务即执行"snmptrap.exe"陷入服务程序，它用于接收由本地或远程 SNMP 代理生成的陷阱消息，然后将这些消息转发给本地计算机上运行的 SNMP 管理程序。如果该服务停止，则这台计算机上基于 SNMP 的应用程序将会无法接收 SNMP 的陷阱消息。为代理配置了 SNMP 陷阱服务后，如果发生任何特定的事件，都将生成陷阱消息，这些消息被发送到陷阱目标，陷阱目标应是网络中运行 SNMP 网络管理应用软件的主机。例如，如果将代理配置为"接收到非授权管理站发送的请求时启动身份验证陷阱"，则当发生团体名验证失败事件时，代理会向陷阱目标发送 Trap 消息。

【任务实施】

实施步骤如下所述。

1. SNMP 服务的安装

首先以管理员身份登录 Windows 系统，打开"控制面板"，双击"添加/删除程序"，然后在弹出的页面中单击"添加/删除 Windows 组件"，弹出"Windows 组件向导"窗口，如图 11-1-1 所示。选中"管理和监视工具"复选框，单击"详细信息"按钮，查看弹出的"管理和监视工具"窗口的详细列表，如图 11-1-2 所示，从中选中"简单网络管理协议"选项，然后单击"确定"按钮，系统将自动从 Windows XP 安装光盘中添加 SNMP 服务。

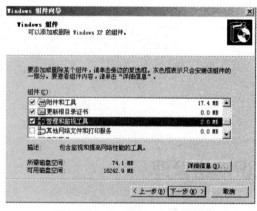
图 11-1-1 Windows 组件向导

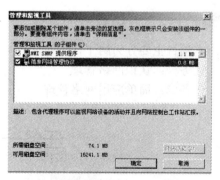
图 11-1-2 管理和监视工具

在 windows XP 系统成功安装 SNMP 服务以后，每次启动计算机时将自动启动 SNMP 服务，运行 SNMP 代理。

2. SNMP 服务属性的配置

1）在"管理工具"窗口中双击"服务"图标，如图 11-1-3 所示。

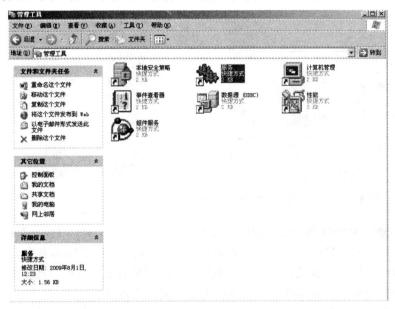

图 11-1-3 "管理工具"窗口

2）在弹出的"服务"窗口中可以找到刚才安装好的服务项"SNMP Service"，如图 11-1-4 所示。

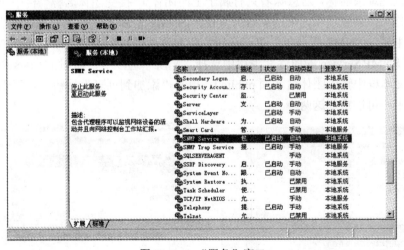

图 11-1-4 "服务"窗口

3）右击 SNMP Service 项，在弹出的快捷菜单中选择"属性"选项，在弹出的"SNMP Service 的属性"窗口中显示了 SNMP 服务使用的主要配置信息，如图 11-1-5 所示。

4）在"SNMP Service 的属性"窗口中选择"代理"选项卡，如图 11-1-6 所示，其中的联系人、位置和服务分别对应系统中的三个对象 sysContact、sysLocation 和 sysServices。

图 11-1-5　SNMP Service 项的属性窗口　　　　图 11-1-6　"代理"选项卡

5）在"SNMP Service 的属性"窗口中选择"安全"选项卡，如图 11-1-7 所示，选中"发送身份验证陷阱"复选框，否则当收到某管理站发出的请求、验证团体名失败时，SNMP 代理将不发送 Trap 消息。"接受团体名称"指明了代理定义的团体。管理站发送给本代理的请求报文中包含的团体名必须与这个列表项中出现的某个团体名匹配，否则代理将拒绝该请求。在"接受团体名称"栏中可以看到 Windows 2000 系统默认设置的团体名为"public"，默认权限为"只读"。可以修改当前团体名和添加新的团体名，并设置相应的权限。

为进一步提高安全性，可以选中"接受来自这些主机的 SNMP 包"单选按钮，添加一个或多个计算机地址或名称，这意味着只有属于上面团体（"接受团体名称"栏中出现的团体），且地址或名称与该列表项相匹配的管理方发出的 SNMP 请求才会被接受。系统默认选中"接受来自任何主机的 SNMP 数据包"单选按钮，即允许从网络上的任何主机接受 SNMP 请求。

6）在"SNMP Service 的属性"窗口中选择"陷阱"选项卡，如图 11-1-8 所示，在"团体名称"的文本框中输入团体名（如 public），单击"添加到列表"按钮。若要添加多个团体到下拉列表中，可以重复这两步。

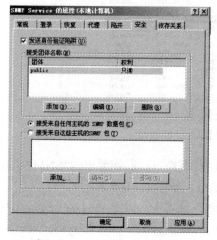
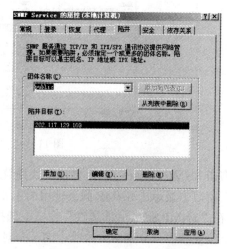

图 11-1-7　"安全"选项卡　　　　图 11-1-8　"陷阱"选项卡

陷阱目标即指 Trap 消息的接收者，一般填写管理站地址。在"团体名称"的下拉列表中选择特定团体名（如 public），单击"陷阱目标"下的"添加"按钮，"陷阱目标"栏中加入陷阱目标的地址或者主机名，可以添加多个。以后 SNMP 代理将发送陷阱消息到这里指定的团体成员。这里添加 202.117.129.109。

7）设置完毕后，单击"确定"按钮，以使配置生效。

3. 启动或停止 SNMP 服务

在"管理工具"中，双击"服务"图标，在弹出的窗口中右击 SNMP Service 项，在弹出的快捷菜单中选择"停止"选项，可以停止已启动的 SNMP 服务。停止后可以通过快捷菜单里的"启动"选项来再次启动 SNMP 服务。

如果选择"重新启动"选项，系统会自动完成先停止再启动这两个步骤。如果对 SNMP 服务配置作了更改，则可以通过重新启动 SNMP 服务来激活已经更改的配置。

SNMP Trap Service 项的启动和停止操作与 SNMP Service 项相同，这里不再重复。

【理论知识】

一、网络的基本概念

网络管理是指网络管理员通过网络管理程序对网络上的资源进行集中化管理的操作，包括配置管理、性能和记账管理、问题管理、操作管理和变化管理等。

二、网络管理的基本内容

网络管理主要包括如下几方面的内容。

1）数据通信网中的流量控制；
2）网络路由选择策略；
3）网络管理员的管理与培训；
4）网络的安全防护；
5）网络的故障诊断；
6）网络的费用计算；
7）网络病毒的防范；
8）网络黑客防范；
9）内部管理制度。

三、网络管理的基本模型

如图 11-1-9 所示。

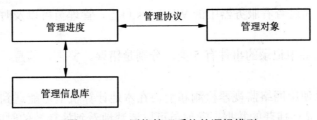

图 11-1-9 网络管理系统的逻辑模型

1. 管理对象

管理对象是网络中具体可以操作的数据。

2. 管理进程

管理进程是用于对网络中的设备和设施进行全面管理和控制的软件。

3. 管理信息库

管理信息库用于记录网络中管理对象的信息。

4. 管理协议

管理协议用于在管理系统与管理对象之间传递操作命令,负责解释管理操作命令。

四、网络管理协议

1. 简单网络管理协议

SNMP(Simple Network Management Protocol),是使用户能够通过轮询、设置关键字和监视网络事件来达到网络管理目的的一种网络协议。它是一个应用层的协议,而且是 TCP/IP 协议族的一部分,工作于用户数据报协议(UDP)上。

2. 公共管理协议

CMIP(Common Management Information Protocol),是在 OSI 制定的网络管理框架中提出的网络管理协议。它是一个分布式的网络管理解决方案,应用在 OSI 环境下。CMIP 与 SNMP 一样,也是由被管代理、管理者、管理协议与管理信息库组成。

任务二　简单应用网络管理

【任务描述】

1)通过实践掌握日志和网络监视工具的使用方法,理解日志和网络监视工具对网络管理的重要作用。

2)掌握网站流量监测和统计软件的安装与使用,理解流量监测和统计的相关参数,理解流量监视监测对网络正常运行的重要作用。

【任务实施】

实验一:Windows 日志和网络监视器的使用

Windows 日志文件记录着 Windows 系统运行的每一个细节,对 Windows 的稳定运行起着至关重要的作用。通过查看服务器中的 Windows 日志,管理员可以及时找出服务器出现故障的原因。

Windows 日志文件中记录的事件有 5 类,分别是错误、警告、信息、审核成功和审核失败。

网络管理员可以使用网络监视器检测和解决在本地计算机上可能遇到的网络问题。通过使用"捕获"功能并显示捕获的数据,管理员可以清楚地看到捕获帧的时间、源 MAC 地址、目标 MAC 地址、使用协议、其他源地址、其他目标源地址、其他类型地址选项。

实施步骤如下所述。

1. 事件查看器的使用

（1）查看日志

① 单击"开始"→"程序"→"管理工具"选项中，在弹出的窗口中双击"事件查看器"图标，弹出"事件查看器"窗口如图11-2-1所示。

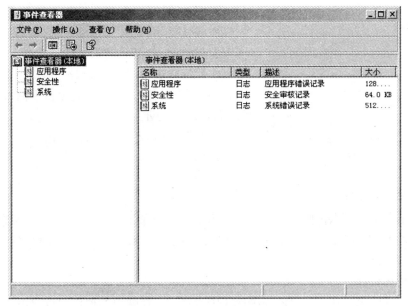

图 11-2-1　事件查看器

② 单击"应用程序"选项，认真查看其右侧的错误类型图标、时间等内容，如图11-2-2所示。

图 11-2-2　应用程序日志

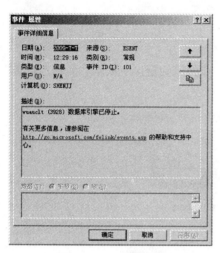

图 11-2-3 事件属性

③ 单击"系统",认真观察其右侧错误类型图标、时间等内容。

(2) 显示详细信息

① 双击日志中某事件,弹出事件属性窗口,如图 11-2-3 所示。

② 单击上下按钮,可以翻阅上一个或下一个事件。

③ 单击文本按钮,可以将事件信息复制到剪贴板。

(3) 保存、打开和清除事件

① 保存:在"事件查看器"窗口中单击"操作"→"另存日志事件",在弹出的窗口中输入文件名 test,扩展名默认为*.evt。

② 打开:打开先前保存的日志文件。

③ 清除:为防止系统服务停止,应及时消除日志文件。

(4) 设置日志属性

若不想手工消除日志,则可在"事件查看器"窗口单击菜单"操作"→"属性"命令,设置日志文件大小,以及当达到最大值时的处置方法。例如,改写久于 10 天的事件。

2. 网络监视器

(1) 安装和设置

① 在"控制面板"中双击"添加/删除程序"图标,在弹出的窗口中再双击"Windows 组件"图标,然后在弹出的窗口中选中"管理和监视工具"复选框,如图 11-2-4 所示。

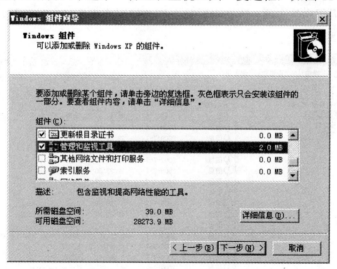

图 11-2-4 windows 组件向导

② 在提示插入磁盘时单击"浏览"系统文件,指出系统安装文件所在的位置。

③ 单击"开始"→"程序"→"管理工具"选项在弹出的窗口中将出现"网络监视器"图标。

(2) 使用网络监视器

① 启动网络监测，在"捕获"菜单中选择"网络"，展开本地计算机，再选定一个本地连接用的网卡，注意网卡是以 MAC 地址区分的（可以在命令行中用 ipconfig/all 查到 MAC 地址）。

② 在菜单中选择"捕获"→"开始"选项。

③ 观察监视器窗口的数值变化。

④ 停止捕获，查看已捕获的帧数据，保存所捕获的数据到文件。

⑤ 选择第 3 帧，单击工具栏的眼镜按钮，用以查看该帧中的数据。

实验二：网络流量监测和统计软件的安装与使用

海王星是一款优秀的局域网络流量监视控制软件。海王星流量监控适合任意架构类型的网络，适合监测任意类型的 Windows 版本的操作系统。海王星服务器端软件可以安装在任一台计算机上，其他被监视的计算机则安装客户端软件。

在装有海王星流量监测服务器端的机器上可以直观地查看监视监测局域网内任意一个客户机的网络流量，也能查看监测瞬时下载速度、瞬时上载速度，监测总下载量，监测总上传量，能自由排序，轻易就可发现下载上传最疯狂的计算机。

在服务器端可以查看任意一个客户机的当前屏幕以及应用程序进程和端口占用情况，看看操作者究竟在做什么，也能禁止 BT 软件运行，能发出消息到客户机，能关闭或者重新启动违规计算机。

完美的流量控制与流量限制功能。当客户机上传或者下载的流量超过设定后，也能自动发出自设的警告消息到客户端，能自动截断客户端连接 Internet 主机音箱，能朗读违规机器编号报警。使用海王星能轻易发现局域网中有问题的客户机，这些计算机有可能因为感染蠕虫病毒疯狂地占用网络资源而造成整个网络瘫痪。

实施步骤如下所述。

1）下载海王星局域网客户机流量监视器，并根据安装向导完成该软件的安装过程。

2）启动并设置服务器端。

① 进入指定文件夹，运行 HNetViewServer.exe，就可以启动服务器程序，如图 11-2-5 所示。

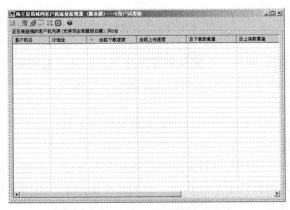
图 11-2-5　海王星服务器程序

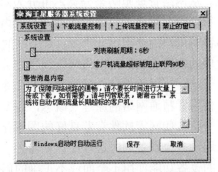
图 11-2-6　海王星服务器系统设置

② 选择菜单中的"系统设置"选项卡，进行如下设置，如图 11-2-6 所示。

● 列表刷新时间周期为 10 s；

图 11-2-7　海王星客户端

- 客户机流盘超标时阻止联网 120 s;
- 编辑警告消息为：你上传/下载流量超出,将被罚掉线 120 s;
- 去掉"Windows 启动时自动运行";
- 保存设置。

3）启动并设置客户端（可以设置多个）。

① 在其他的计算机上进入指定文件夹,运行 NetViewClient.exe,启动客户端,如图 11-2-7 所示。

② 输入服务端的 IP 地址；

③ 不要选中"Windows 启动时自动运行本软件"复选框；

④ 实验时不需设置任何密码；

⑤ 保存设置。此时"隐蔽"按钮后面的灯应为绿色。

4）进行控制管理。

① 在服务器端的服务器窗口中选定 1 台客户机；

② 单击"查看客户机屏幕"按钮,查看是否收到客户机的当前窗口显示内容,并测试功能是否正常；

③ 单击"发送警告消息"按钮,测试功能是否正常；

④ 单击"查看客户机进程"按钮,测试功能是否正常；

⑤ 在客户机上上传或下载一些文件,测试是否可以出现警告消息；

⑥ 关机和重启功能请慎用。

【理论知识】

一、网络管理的分类

事实上,网络管理技术是伴随着计算机、网络和通信技术的发展而发展的,二者相辅相成。从网络管理范畴来分类,可分为对网"路"的管理,即针对交换机、路由器等主干网络进行管理；对接入设备的管理,即对内部 PC、服务器、交换机等进行管理；对行为的管理,即针对用户的使用进行管理；对资产的管理,即统计 IT 软硬件的信息等进行管理。根据网管软件的发展历史,可以将网管软件划分为三代。

第一代网管软件就是最常用的命令行方式,并结合一些简单的网络监测工具,它不仅要求使用者精通网络的原理及概念,还要求使用者了解不同厂商的不同网络设备的配置方法。

第二代网管软件有着良好的图形化界面。用户无须过多了解设备的配置方法,就能图形化地对多台设备同时进行配置和监控。极大地提高了工作效率,但仍然存在由于人为因素造成的设备功能使用不全面或不正确的问题增大,容易引发误操作。

第三代网管软件相对来说比较智能,是真正将网络和管理进行有机结合的软件系统,具有"自动配置"和"自动调整"功能。对网管人员来说,只要把用户情况、设备情况以及用户与网络资源之间的分配关系输入网管系统,系统就能自动地建立图形化的人员与网络的配

项目十一　网络管理技术

置关系，并自动鉴别用户身份，分配用户所需的资源（如电子邮件、Web、文档服务等）。

二、网络管理的功能

在实际网络管理过程中，网络管理应具有的功能非常广泛。国际标准化组织在 ISO/IEC 7498-4 协议中对网络的管理行为进行了分类，提出并描述了网络管理应具备的五大功能，并已被广泛接受。这五大功能如下所述。

1. 故障管理

主要任务是对来自硬件设备或路径节点的报警信息进行监测、报告和存贮，并对故障进行诊断、定位隔离和纠正。故障管理通常应包含以下典型功能、维护差错日志、响应差错通知、定位和隔离故障、进行诊断测试、确定故障类型并最终排除故障。

2. 配置管理

主要任务是对网络配置数据的收集、监视和修改。如网络拓扑结构的规划、设备内各插件板的配置、路径的建立与删除，以及通过插入、修改和删除来配置网络资源等，其目的是实现某个特定功能或使网络性能最优。

3. 性能管理

性能管理的任务是分析评估网络资源的运行状况及通信效率等网络性能，主要通过下列步骤来完成：收集网络当前状况的数据信息，并将该数据作为性能日志存贮起来，以便分析网络运行效率；分析结果是否可用于触发某个诊断测试进程或重新优化网络，以维护网络的性能。因此，它的主要功能是：收集和分发统计数据、维护系统性能的历史记录、模拟各种操作的系统模型。

4. 安全管理

网络安全管理对网络的安全是至关重要的。网络中主要的安全问题是网络数据被非法入侵者获取、操纵（如插入、删除、修改等），导致数据被非法窃取或破坏。网络安全管理就是要实施各种保护功能，保护网络资源不被非法入侵者访问。其主要功能包括：授权机制、访问控制、加密和密钥管理；另外，还要维护和检查安全日志。

5. 记账管理

用于记录网络资源的使用，目的是控制和监测网络操作的费用和代价。它有两层含义：其一是记账管理，可估算出用户使用网络资源可能需要的费用和代价；其二是网络管理员可规定用户能使用的最大费用，从而防止用户过多使用和占用网络资源。

网络监视是实现高效网络管理的基本，手段与方法不同其他，需要不断地实践与摸索。

【项目小结】

本项目通过两个任务三个实验完成了对网络管理基础知识的学习。学习部分常用网络管理软件的使用来掌握网络管理的概念、分类、功能等知识。

【知识拓展】

下面介绍系统漏洞的产生。

首先来了解一下系统漏洞是怎样被黑客利用的。

微软发布了操作系统后，将继续致力于该系统的各种安全测试工作，有时还会把这些安全检测工作交给第三方的合作公司。

当这些第三方公司发现漏洞以后，他们会通过一个绝密的渠道把这个漏洞的代码交给微软。这时候就只有微软和报告方知道这个漏洞，公众是绝对不知道的。

然后，微软就着手开发针对这个漏洞的修补程序。在开发结束之后微软还会对这个修补程序作一些冲突性地检测。比如，查看系统在安装了这个修补程序之后，是不是会出现功能性丧失或者系统崩溃，只有在测试完毕之后微软才会把这些补丁发布出来。这时，公众才会知道 Windows 系统有这么一个漏洞，而此时针对这个漏洞的补丁程序已经发布。

一些程序员会下载这些修补程序，并且会对它们进行反编译，从而了解微软具体修补的是一个怎样的漏洞。然后，他们会根据这个漏洞编写出针对该漏洞的"攻击代码"。但是，这些"攻击代码"并不能自动运行，也不能传播。所以它并不能算作病毒或者蠕虫。

这些程序员会把这段"攻击代码"公布到 Internet 上，一旦恶意用户得到了这段代码，他们就可能在这段代码原有的基础上加上一些能自动运行和传播的代码，这时它才真正被称为病毒或者蠕虫。而从这些病毒和蠕虫被释放到 Internet 开始，整个网络就都会遭到它们的影响。而这时，那些没有安装这个漏洞修补程序的系统，将会遭到这种病毒和蠕虫的破坏。

【思考与练习】

1）网络管理的基本内容是什么？
2）网络管理的主要功能有哪些？
3）常用的网络管理协议有哪些？
4）除本章介绍的网络管理软件外，还有什么管理软件，各有何特点？